高速公路标准化施工技术指南

Technical Manual for Construction of Expressway Standardization

标准化管理制度

陕西省交通建设集团公司　主编

人民交通出版社
China Communications Press

图书在版编目(CIP)数据

高速公路标准化施工技术指南. 3，标准化管理制度 / 陕西省交通建设集团公司主编. — 北京：人民交通出版社，2011.3

ISBN 978-7-114-08891-9

Ⅰ. ①高… Ⅱ. ①陕… Ⅲ. ①高速公路－标准化管理:施工管理－指南 Ⅳ. ①U415.6-62

中国版本图书馆 CIP 数据核字(2011)第 021777 号

高速公路标准化施工技术指南
书　　名: **标准化管理制度**
著 作 者: 陕西省交通建设集团公司
责任编辑: 丁　遥
出版发行: 人民交通出版社
地　　址: (100011)北京市朝阳区安定门外外馆斜街3号
网　　址: http://www.ccpress.com.cn
销售电话: (010)59757969,59757973
总 经 销: 人民交通出版社发行部
经　　销: 各地新华书店
印　　刷: 北京市密东印刷有限公司
开　　本: 880×1230　1/16
印　　张: 7.25
字　　数: 147千
版　　次: 2011年3月　第1版
印　　次: 2011年3月　第1次印刷
书　　号: ISBN 978-7-114-08891-9
总 定 价: 168.00元

本书编审委员会名单

编写委员会

主 任 委 员： 杨育生

副主任委员： 杨　健　刘海鹏

委　　　员： 韩斌斌　付宏伟　赵颖超

葛守飞　薛宝勇　周　鑫

审查委员会

主 任 委 员： 韩定海

副主任委员： 耿志宏　万义元　张彦霞

委　　　员： 王印龙　王建勋　史军明

刘永社　钟海珍　南　群

序

地处内陆腹地的陕西，曾是中国几千年的政治、经济、文化和交通中心，积淀着悠久灿烂的交通文明，秦直道、丝绸之路等都在中国历史上留下了浓墨重彩。陕西也是国内较早建设高速公路的省份之一，1986 年西安至临潼高速公路的开工建设，标志着西部地区高速公路建设扬帆启程。经过 20 余年的艰苦奋斗，2007 年陕西高速公路通车里程在西部率先突破 2000km，2010 年又率先突破 3000km，总里程达到 3400km，内联外接、四通八达，承载着现代文明的高速公路骨架网络基本形成。

陕西省交通建设集团公司作为陕西高速公路建设的主力军之一，自 2006 年组建之始就肩负起发展陕西现代交通的时代伟业。四年多来，我们在省委、省政府的亲切关怀下，在陕西省交通运输厅的正确领导下，坚持以科学发展观为统领，励精图治，奋发有为，强势推进高速公路建设。累计完成高速公路建设投资 838 亿元，建设高速公路 1171km，占全省新增高速公路里程 2100km 的 55.7%。先后建成了一大批技术先进、管理科学、生态环保、安全畅捷的高速公路项目，其中规模世界第一的秦岭终南山公路隧道、长度全国第三的包家山公路隧道，以及西北地区建设标准最高、配套设施最完善、智能化水平最高的西安咸阳机场专用高速公路等，受到了社会各界及国内外同行的广泛赞誉，为全国高速公路建设树立了典范。秦岭终南山公路隧道建设与运营管理关键技术研究荣获国家科技进步一等奖。这些标志性工程的建成，为陕西高速公路跨越式发展书写了精彩之笔，为陕西经济社会全面快速发展做出了重要贡献。

伴随着高速公路在三秦大地上的快速延伸，陕西高速公路建设管理水平和施工技术也取得了长足进步。四年多来，我们以高度负责的精神狠抓工程管理，大力推行标准化施工，积极探索新技术、新工艺、新规范，加强施工过程控制，重点治理质量通病，确保了每一条高速公路又好又快地建成。实践表明，没有规矩不成方圆。只有通过统一的技术标准、管理标准和检验标准，打造统一、规范、有序的施工标准体系，才能真正实现对质量、工期、投资、安全的有效控制，建设质优价廉的精品工程。为此，我们在严格执行现行公路施工相关标准规范的基础上，遵循现代工程管理的规律和要求，深入探索总结实践经验，制定了一系列科学合理、行之有效的公路施工技术标准和规范。2010 年，利用半年时间又对这些标准、规范进行了重新梳理归纳，参考国内外先进做法，组织力量，精心编写完成了陕西省交通建设集团公司《高速公路标准化施工技术(管理)指南》。这套标准化施工技术(管理)指南共 8 册，涵盖了特殊路基、路面、连续刚构桥梁和隧道、安全生产和文明工地、标准化管理制度、工程勘察设计招标文件(项目专用本)、施工招标资格预审文件、施工招标文件(项目专用本)8 个方面，是一部全面、真实、系统、科学反映公路施工过程相关技术要求的制度汇编，对于进一步规范工程管理、明确技术规程、强化过程控制、解决质量通病，以及全面提升公路施工标准化、制度化、规范化水平，具有极为重要的指导意义。

在面向"十二五"的新起点上，交通运输部提出公路建设要实现"发展理念人本化、项目管理专业化、工程施工标准化、管理手段信息化、日常管理精细化"的总体要求。根据陕西省交通运输厅的规划，未来一个时期，陕西交通将紧紧围绕"发展现代交通，奉献一流服务"的行业使命，全力实施"2637"高速公路网规划，到 2012 年高速公路通车里程将突破 4000km，2015 年突破 5000km。面对这一艰巨而光荣的历史重任，陕西省交通建设集团公司将继续担当新使命，迎接新挑战，大力推行标准化、规范化、精细化建设管理，将现代工程管理的理念、方式和手段贯穿于项目全过程，不断强化工程质量、工程监理、安全生产、文明施工等各类要素管理，努力实现"管理行为标准化、工地建设标准化、施工工艺标准化、过程控制标准化、建设成果标准化"，确保高速公路建设工程质量优良品率达到 100%，打造出更多处于全国领先水平的典型示范工程，为陕西公路交通事业跨越式发展再添光彩、再铸辉煌！

陕西省交通建设集团公司董事长　杨育生

2011 年 2 月

目　　录

第一部分　综 合 管 理

公路建设项目管理办法

第一章　总　　则

第一条　为规范陕西省交通建设集团公司(以下简称“交通集团”)公路建设项目的管理工作,保证工程质量和工期,提高管理水平和创新能力,根据《陕西省公路建设项目法人制实施细则》等有关规定,结合交通集团公路建设项目管理工作实际,制定本办法。

第二条　本办法适用于交通集团负责建设的所有新建和改(扩)建公路工程。

第三条　为建设项目的实施而成立的陕西省交通建设集团公司××公路建设管理处(以下简称“建设管理处”)为项目建设管理的具体执行机构,代表交通集团对所管项目履行建设期的现场管理职责,承担项目建设管理的第一责任。交通集团机关相关部(室)按各自职责对建设管理处工作进行业务归口管理和指导。

第二章　组 织 机 构

第四条　交通集团相关职能部门应提前做好项目管理机构的组建筹备工作。

第五条　建设管理处设立工程管理科、财务科、征迁与环境保障科、综合办公室、质量安全管理科等内部机构。部门以上负责人由交通集团在职员工担任。

第六条　建设管理处的编制及外聘人员数量由交通集团相关职能部门视建设项目规模和管理工作复杂程度等因素核定。程序和待遇按交通集团有关规定办理。

第七条　为使交通集团建设项目的管理工作在规范化、制度化的机制下高效、有序地运行,建设管理处应结合工程项目的具体特点,制定工程技术管理、计划与财务管理、征迁以及建设环境保障管理、行政后勤管理和工作纪律等方面的管理制度,报交通集团核备。

第三章　职责与权限

第八条　建设管理部为交通集团建设管理工作的归口业务部门,其职责为:

1. 负责国家、部、省关于工程建设的法律、法规、政策和制度的贯彻落实,拟定交通集团有关工程建设的制度和办法。

2. 拟定建设项目的总体质量和阶段计划任务目标,对建设项目的工程质量、进度、投资、生产等方面进行宏观管理,检查、指导、考核建设管理处的工作。

3. 对各建设项目进行质量检查，掌握质量动态；召开交通集团质量专题会和生产调度会，组织开展各项目间的质量管理活动；指导处理施工过程中的重大技术问题，跟踪建设管理处对质量问题的整改落实情况。

4. 依据省交通厅、交通集团的统一部署，结合各项目的实际情况和工期，审查或调整建设项目的阶段计划目标；检查施工组织计划的落实情况，协助解决影响施工进度的各种因素，对各项目的施工进度进行有效监管。

5. 监督指导建设管理处的招标工作；督促履行有关建设程序，协调土地征用等手续办理及有关验收工作；组织审查有关工程变更设计及费用。

6. 负责监督工程预备费、招标节余费用的管理、使用。

第九条 建设管理处职责：

1. 根据交通集团下达的项目总体计划和年度计划，制订详细的阶段性实施计划，并对计划任务的按期完成负责。

2. 具体组织建设项目的招标工作。

3. 配合办理项目施工许可、质量监督手续等相关工作。

4. 按照《合同文件》的规定，对施工单位和监理单位在工程质量、进度、投资、安全生产和环境保护等方面的工作进行监督管理，使工程处于受控状态。

5. 审批承包人的施工组织设计、重要施工工艺，按管理权限审批工程变更及工程分包有关事宜。

6. 完成征地拆迁与建设环境保障总协议的事务性工作，履行征迁及建设环境保障工作的监督及协调职责。

7. 按合同规定及程序，负责工程建设各项合同费用的报表审查及财务支付工作。

8. 及时向交通集团汇报工程质量、工程进度、投资控制及建设环境保障等方面的工作情况；按要求报送工程月报、年报，客观真实地反映项目执行中存在的主要问题；接受交通主管部门、工程质量监督部门和交通集团相关部室的工作检查。

9. 建立工地生产调度会、建设环境协调会等会议制度，及时对工程质量、进度、费用支付、建设环境保障等方面的最新情况进行分析研究和工作部署。

10. 严格执行国家工程档案管理规定，随项目进展分阶段完成工程档案的整理归档工作。

11. 负责项目交工验收、竣工验收的各项准备工作。

12. 严格执行廉政合同，做好项目管理过程中的廉政工作。

13. 办理经交通集团批准、授权和交办的其他事项。

建设管理处的负责人是该建设项目质量、进度、投资、安全、廉政建设等方面的第一责任人。

第十条 建设管理处按交通集团批准的建管费年度预算，行使项目建设管理费的使用权。

第十一条 交通集团总部计划、财务、建设等职能部门，应积极做好建设项目的监督指导与服务工作，对建设管理处提出的有关工程建设中的问题及时研究、答复并予以协调、解决。

第四章　工程管理

第十二条　为建立目标明确、责任清晰、奖罚分明的项目管理机制，交通集团与建设管理处签订年度管理目标责任书，对项目管理机构的工作质量，工程的进度、质量、投资控制，安全生产，廉政建设，征地拆迁和文明工地建设情况进行考核、评比，奖优罚差。

第十三条　建设管理处按工程质量终身责任制的要求，建立工程质量责任卡制度。定期检查、监督施工单位、监理单位的质量保证体系及试验、检测机构的运转情况，对工地现场发现的质量问题按有关规定迅速解决处理。

第十四条　工地发生工程质量事故，应按照《陕西省公路工程质量管理办法实施细则》及时上报处理。对隐情不报或虚报者，按有关规定查处。

第十五条　交通集团以《年度目标责任书》的形式向建设管理处下达年度计划目标任务，建设管理处据此制定各标段全年施工进度计划的指导性意见，由各标段施工单位依据指导意见制订本标段实施性工程进度的旬计划、月计划和年计划，报监理工程师批准后严格执行。建设管理处应坚持按月对施工单位、监理单位进行综合业绩考评。对因施工力量不足或管理混乱等原因，连续三个月不能完成计划任务的施工单位及相应的监理单位，可采取召开施工或监理单位法人代表会议的方式，责令其限期整改，增加投入，加强管理，必要时更换项目主要管理人员，直至向交通集团提出更换施工或监理单位的建议。

第十六条　建设管理处应严格执行工程计量支付程序和各项财务管理制度，使建设项目的费用控制在批复概算以内。应建立详细、规范的计量支付、工程变更台账，全面掌握项目建设费用的支付情况。凡超出合同内容和设计文件数量的任何支付及因变更引起的费用增减、按合同补偿的灾害损失、索赔补偿等费用，均应实行多层审核会签或联席会议制度。建设管理处对工程支付的真实性、准确性、合法性负责。

第十七条　工程支付工作应按照量、价、费相符的原则，对已支付费用至少每季度清算一次，并形成综合报表报交通集团。综合报表应列明已完工程及剩余工程费用、审批投资、原合同费用、工程变更增减费用、灾害损失补偿费用、累计支付费用等明细项目。交通集团财务部、审计室对建设项目的投资使用和财务管理工作有监督检查的责任。

第十八条　建设项目要严格按照批准的设计文件组织施工，维护设计文件的严肃性。必要的工程变更，应严格按照《陕西省交通建设集团公司公路工程设计变更管理实施细则》各项规定执行，及时履行工程变更程序，做好工程变更的管理工作。

第十九条　对于合同外新增工程，如因工程性质发生变化，原标段施工单位无资质或无能力承担时，对于费用在200万元以上的工程，应按有关规定和程序，通过招标选择施工单位；对于费用在200万元以下的工程，由建设管理处选择三家以上有资质的施工单位，在对其施工能力等方面进行全面考察并对报价进行分析比较后提出推荐意见，报交通集团审查后确定。

第二十条　除非合同有所约定，一般情况下，不允许以任何形式对合同工程进行指令分包。当原合同施工单位能力不足,致使工程进度严重滞后或工程质量不能达到技术要求,且整改无效时,建设管理处在获交通集团批准后有权对部分合同工程进行指令性分包。分包工程的有关协议、文件报交通集团核备。

第二十一条 建设管理处应对所辖项目的施工、监理单位的履约能力定期进行考核,依据省交通厅、交通集团的有关要求进行信誉评价,并报交通集团核备。对于履约能力极差,经多次整改仍无改进,对整个项目实施造成严重影响或社会影响恶劣的单位,应建议列入交通集团内部招投标管理“黑名单”。

第二十二条 超出管理权限而未按规定程序报批的费用不得进入工程决算,工程决算未经批准的项目不予验收。

第五章 考评及奖惩

第二十三条 交通集团对建设项目执行情况,分年度和总体两个层面进行考核评比。根据考评结果,对管理处予以奖惩。

第二十四条 交通集团相关职能部门按照绩效考核办法对建设管理处的主要负责人及相关人员实行跟踪考核。对于在项目管理工作中成绩突出者,将根据具体工作业绩授予其“优秀项目管理者”称号,并按年度由交通集团劳动竞赛委员会推荐授予其“重点公路建设功臣”、“劳动模范”等荣誉称号;对于在项目管理中由于工作失职,可能导致或已经导致工程质量、进度、投资失控以及项目和交通集团形象受到重大影响和损害时,交通集团将视情节给予批评、记过等行政处分,造成重大损失时,将按规定追究有关人员责任。

第六章 附　　则

第二十五条 本办法由交通集团负责解释。

第二十六条 本办法自发文之日起执行。

关于全面加快高速公路建设的要点

为进一步加快高速公路建设,根据当前高速公路建设的现状,针对交通集团高速公路建设亟待解决的突出问题,特制定本要点。

一、项目前期设计工作要点

（一）工程可行性研究阶段

在工可研报告上报省交通厅评审前,要增加工可研路线方案的审查环节,确保工可研确定的路线走廊、技术标准、建设规模、重要结构物设计方案、互通立交和连接线设计方案以及估算造价合理。在工可研阶段,设计单位要积极配合工可研单位参与工可研路线方案的研究工作,并提出建设性的建议。

（二）初步设计阶段

在初步设计开始前,建设项目管理处要督促总体单位制定《设计工作大纲》,统一全线设计标准。在初步设计阶段要进行初步设计外业验收和初步设计评审。

1. 初步设计外业验收前,要根据省交通咨询公司制定的外业验收办法,重点核查设计外业勘测和地质勘察的内容和深度;核查路线方案比选、重要结构物位置和经济技术比较的工作深度;核查公铁交叉、油气管道交叉、压覆矿产资源、水源保护地、文物、电力设施、防洪评价、地方政府意见等方面的内容,各项目前期工作组要将以上公铁交叉等信息函告设计院,避免路线方案出现反复。初步设计外业验收后,建设项目管理处要督促设计单位以文件形式答复审查意见,并将审查意见落实到下阶段初步设计中。各建设项目管理处将落实情况以文件形式上报交通集团。

2. 初步设计外业验收后,在评审前,建设项目管理处要督促设计单位就设计方案及时与其他部门、当地政府签订书面协议。总体设计单位要按照《设计工作大纲》的要求,统一全线设计标准,以避免一条高速公路设计标准形式过多。在加快高速公路建设期间,为了确保项目按期开工建设,可以分标段进行初步设计评审。初步设计评审后,建设项目管理处要督促设计单位对审查意见以文件形式答复,并将审查意见落实到下阶段施工图设计中。各建设项目管理处将落实情况以文件形式上报交通集团。

3. 设计单位要对当地电网及供电能力进行详细调查,结合施工临时用电和运营永久用电,对工程项目电力线路进行系统设计。

4. 加强设计“双院制”咨询审查工作的管理,明确设计咨询审查单位的责任。在初步设计阶段,建设项目管理处要督促设计咨询审查单位在三维数字地形图上与设计单位同步，并各自独立完成纸上定线工作，特别要核查水文、地勘资料以及城镇过境、特大桥、特长隧道、不良地质、高填深挖、削坡路段的线位布设，并与设计单位方案进行比较。同时，应督促设计咨询审查单位核查设计单位落实各阶段设计审查意见的情况。

5. 初步设计评审后，设计咨询单位协助建设管理处督促设计单位，将初步设计评审意见落实到施工图设计工作中。各建设项目管理处将落实情况以文件形式上报集团公司。

（三）施工图设计阶段

1. 在施工图设计前，要增加对重大方案、特殊构造物、山区公路设计防洪评估、路基高边坡稳定性的技术设计及设计审查环节。

2. 要对设计单位的设计深度提出进一步要求：设计单位在设计时，充分考虑建设期间河道采沙采石对水文地质的影响，科学评估对桥梁桩基和挡墙基础所产生的影响；机电设计要达到施工图深度，尽量避免二次联合设计或尽量减少联合设计变更量，以有效控制投资；隧道照明设计要实现多种照明模式，符合交通集团养护部下发的照明模式要求，实现隧道 LED 灯的远程控制，在确保安全的情况下节能减排；绿化工程原则上选择当地适生的、费用相对低的乔灌草种。

3. 在施工图设计阶段，各建设项目管理处要全程参与，要求设计院在设计时优先考虑成熟技术，尽量避免新、奇、特设计，同时要总结同类工程经验，提出部分设计方案、思路。

（1）路基工程。

在沙砾资源丰富的地区，上路床 80cm 可采用沙砾填筑；土质填方路基含水率较高时（含水率在 20% 以上），可适量掺加石灰处理。

临河浸水挡墙宜采用片石混凝土；桥台为轻型桥台时，在台帽施工前分层填筑至台帽底；台帽浇筑完后，牛脚部至帽底区域可使用浆砌片石来处理；当路基和隧道之间路基长度小于 20m 时，可考虑浆砌片石回填，路基长度为 20 ~ 50m 时，可考虑沙砾回填。

（2）路面工程。

若采用水泥稳定碎石作路面底基层、基层，则应按振动成型法设计；若同一标段内短路基太多(200m 及以下)，短路基段路面变更设计为钢钎维混凝土方案或水泥混凝土方案。

（3）机电工程。

机电工程设计要增加车牌识别系统、非现金收费系统、综合监控系统等内容，机电工程应尽量采用节能设备。

（4）房建工程。

设计单位应提交 1∶500 地形图上的房建总平面图。沿线房建的占地要在路线主体设计时统一规划，并由路线主体设计单位对服务区的场区道路、停车场、地下管网、房建区进行统一规划设计。

4. 为确保项目按期开工建设，可以分施工合同段对施工图设计方案、施工图设计文件进行审查，审查意见报省交通厅备案。整个项目施工图设计完且初步设计经过批准后，报请省交通厅，按项目进行施工图设计评审和批复。

5. 施工图设计审查后，建设项目管理处要督促设计单位以文件形式答复审查意见，并将审查意见落实到修编施工图中。各建设项目管理处将落实情况以文件形式上报交通集团。

6. 在施工图设计阶段，建设项目管理处要督促设计咨询审查单位，根据设计单位提供的外业资料逐段核查平纵面路线方案，核查长大纵坡的安全性及大型结构物实施的可靠性、安全性和耐久性；对特大桥、特长隧道和大型滑坡治理工程进行力学验算，提供力学验算书，对影响施工安全和运营安全的重要工点提出具体的咨询意见；做好防洪核查验算工作。

二、招标阶段

（一）制订招标工作计划，提高招标工作效率

招标工作贯穿于建设的全过程，其质量高低、科学与否，将对工程进度、费用、质量产生重大影响。因此，各建设项目管理处要根据项目实际情况，成立专门的招标机构，制订招标工作计划，科学规划招标批次，合理划分合同段。

1. 路基桥隧主体工程设计招标。

通信、监控（包括隧道）工程宜包含在主体工程设计标段中，有利于减少设计界面，提高设计质量。在当前加快高速公路建设期间，标段划分宜控制在 50km 左右，有利于缩短设计周期。

2. 施工、监理服务招标。

（1）标段划分。

标段划分时，路基桥隧工程单个标段合同量宜控制在 4 亿～5 亿元，不低于 2.5 亿元；房建场区土方工程宜划分在路基桥隧合同段，与路基工程同步实施；基层、底基层工程宜划分在路面合同段，与路面工程同步实施。

（2）招标批次及时限。

坚持多类别、少批次招标，招标批次宜分为 3 批次，可将路基工程类别及相应的监理服务划分为第一批招标项目；路面工程、沥青供货、交通工程、房建工程、绿化工程及相应的监理服务划分为第二批招标项目，3 年工期项目应在第二年年初完成招标，2 年工期项目应在第一年上半年完成招标，确保本批次工程有 18 个月以上的施工工期；机电工程、隧道装修、房建精装修工程及相应的监理服务招标为第三批招标项目，应在通车前 1 年完成招标，确保本批次工程有 12 个月以上的施工工期，本批次类别工程要在招标前召开专项评审会，方案通过后，方可进行招标工作。所有招标工程的资格预审工作均可提前安排，可与施工图设计同步进行，以节省时间。

（二）规范招标及资审文件，完善合同条款

各建设项目管理处在编制招标文件过程中，要结合项目的特点、难点及工期、质量要求，制定合理的符合性、强制性合同条款。合同条款的制定要符合实际情况，避免招标文件之间的矛盾。

三、实施阶段

（一）施工准备阶段

1. 前期征地拆迁。

（1）各建设项目管理处要加快前期8项专业评估工作手续的办理，包括土地预审、环境影响评估、水土保持、地震安全评价、矿产资源评估、地质灾害评估、文物评估、林地批复，要派专人负责跟踪办理，各责任人要主动与相关单位衔接，充分尊重相关评估单位的意见。

（2）积极与上级单位沟通协调，尽早出台征迁补偿标准，加强和地方部门的联系。若涉及拆迁户安置问题，宜一次性补偿，由地方或拆迁户自行实施。

（3）对当地电网状况及供电能力进行充分调查，可结合施工临时用电和运营永久用电，对工程项目电力专线进行系统规划和设计，充分考虑线路布设、用电负荷及费用等方面的因素。

（4）各单位要提前联系当地政府，在施工单位进场前3个月，要提前协调红线内的施工用地，确保施工单位进场后就能够掀起大干高潮。

2. 施工准备。

（1）承包人进场后，各建设项目管理处要立即组织设计院进行技术交底，移交水准点、导线点及界桩。同时，施工单位和监理单位应对施工图进行复核，对水准点、导线点进行联测，对界桩进行保护。

（2）建设项目管理处和总监办下发建设项目管理办法和质检样表，下达总体建设目标，审查施工单位编制的实施性施工组织设计，确定本项目及各标段工程关键线路及相应措施。

（3）督促施工单位编制作业指导书并培训操作人员，督促施工单位、监理单位积极履行合约，并对临建工程及进场人员、设备进行检查。

（4）对于特殊拆迁物补偿，可委托有资质的单位进行评估，并以此作为拆迁补偿的谈判标准。

（二）实施阶段

建设项目管理处对工程要统筹安排，对建设目标要进行分解，责任到人。设计、招标、征迁、施工安排要全面服从建设目标，各项工作要有前瞻性、计划性，互相紧密衔接，不脱节。

1. 贯彻动态设计理念，优化完善施工图设计。

（1）重视对设计审查意见的落实，安排专人落实设计审查意见。各建设项目管理处要在施工放线后正式开工前、路基桥隧完成前、附属工程实施前三个阶段，组织设计、施工、监理、设计审查单位，对施工图设计逐处逐段进行现场复核和优化完善工作，重点核查施工图设计与现场实际地质、水文、地形及地物等的符合程度。全面核查沿线群众跨越公路以及灌溉、防洪是否预留有合理方案，桥梁、隧道、防护等构造物的具体位置及路线横断面情况，填挖方的高度及坡度等，优化完善施工图设计。

(2)抓好重点地段和关键部位设计,即抓好不良地质路段的处治、路基边坡专项优化设计(一坡一景)、高填深挖路段的方案、岸坡桩位及桥梁布孔、路线平纵线位的优化、涵洞通道的布置、路面综合排水系统的规划等工作。

(3)依据"早进晚出"的隧道设计原则,采用"四方"(业主、施工、监理、设计)联合会审的方式,确定隧道洞门里程、明暗洞交界桩号及进洞方案,坚持工程与自然和谐相融,实现零开挖。

(4)注重工程细节设计,实现工程设计精细化。

做好防洪验算及核查工作,使工程满足防洪要求;根据水文地质条件的变化,适时对挡墙及桥梁基础进行优化;优化隧道洞门形式,使洞门和山体自成一体;优化路基种植槽,增加绿化效果;优化桥隧衔接方式,使桥隧自然相连;优化路、桥、隧之间护栏的结构形式、线形,做到顺畅衔接。

2. 加大重要技术方案管理力度。

(1)路基土石方调配。

路基土石方调配是一项政策性和计划性很强的系统工作。土石方合理调配可加快进度,节省投资。建设项目在标段划分时,要充分考虑土石方调配工作,做到填挖平衡,避免不合理调配。在建设中要根据实际情况提前进一步细化土石方调配,并加大协调实施力度,要通过土石方调配促进标段工程均衡进展。目前,交通集团大部分建设项目已进入秦巴山区,软质岩石和千枚岩较多,路基土石方调配时,要对其使用性能进行充分研究论证,形成科学意见。符合路基要求的填料要充分利用,避免废弃,利于环保,减少投资。

(2)做好桥头和隧道洞口处路基预加固工作。

桥头和隧道洞口处路基自然沉陷时间不能满足半年沉陷期要求且路基填筑高度大于3m时,要采取注浆或挤密桩预加固措施,避免桥头(隧道口)路基沉降。该措施的实施不能免除主体责任人的责任。

(3)加强嵌岩桩终孔深度的控制。

高速公路特别是山区高速公路,地质条件复杂,嵌岩桩入岩岩性和深度的正确判断将对工程安全、进度、费用产生影响。各项目建设管理处要完善入岩判断机制,明确各级职责,实行嵌岩桩终孔报告制,实行"五方"(施工、驻地监理办、总监办、设计、管理处)确认制,即只有五方共同确定,桩基才能终孔,终孔深度才能作为变更和计量的依据。同一墩柱处桩基类型(嵌岩桩或摩擦桩)应保持一致。

(4)做好隧道地质超前预报工作。

建设项目管理处要认真督促施工单位做好隧道地质超前预报工作,其结果作为隧道围岩类别发生较大变更的重要依据之一。

3. 推行精细化管理,消除质量通病。

各项目建设管理处在加强日常质量通病治理的情况下,可结合实际情况组织专项治理整治活动。除省交通厅《2007 年工程质量工作要点》要求外,还需做好以下工作:

(1)桥梁架设完成并完成体系转换后,由专门检测单位对支座逐一检测并拍照编号,及时更换或处理不合格的支座。

(2)高墩及大跨径桥梁浇筑工程,可采用自动喷淋技术,定时定量对工程实体进行养生。

(3)无论是工厂生产改性沥青还是现场生产改性沥青,均应加大质量控制力度。如可在沥青改性设备上加装黑匣子,监控改性剂添加情况。只有经监测合格的沥青才能投入使用。

(4)加强机电设备材料进场检验。设备材料进场必须具备出厂检验报告、合格证、发货单、质保单等,大型设备及批量材料应进行工厂抽检,如光缆、电缆、信息板、灯具、风机、硅芯管等。机电设备的选型,在满足工程需要及质量良好的前提下,要优先选择节能产品。

4. 加强重点工程计划管理,合理安排工序。

各建设项目管理处要充分考虑现场施工各个工序环节、生产步骤、转换时间以及对质量的影响。根据工程实施情况,制定合理有效的施工方案和管理措施,确保各项工程在其最佳季节和最佳时段完成。

(1)加强重点工程计划管理。

高填深挖路基应按照控制工程的要求提前安排,确保路基工程在通车前一年的9月底完成,使成形路基至少有半年的沉降稳定期。凡来年通车项目,除特殊大桥、特长隧道等控制工程外,本年的6月底前要实现全线路基贯通,本年年底之前要基本完成底基层、基层铺筑工作,并力争完成80%以上的沥青下面层,完成50%以上的中面层,50%以上的上面层的备料;对于工期较紧的项目,通车当年必须在6月底完成基层,8月底完成全部沥青面层,关中、陕南地区可在9月底前完成全部沥青面层。

路基绿化及生物防护工程应与路基工程同步安排,并在建设期间每一个植树季节进行种植和补栽。

(2)合理安排工程施工顺序。

①河道位置的桥梁桩基及下部工程要尽量安排在河道枯水季节施工。

②桥路、桥隧相接段,合理安排工序,处理好路基和隧道的施工关系,尽可能通过优化工序使路基工程尽早施工,桥台、隧道洞口紧随其后施工,以减少断点,并使路基有较长沉陷周期。

5. 开展劳动竞赛,推行阶段目标责任分解法。

(1)各建设项目管理处除要每月进行劳动竞赛考评外,还要积极推行阶段目标责任分解法。根据项目总工期和年度计划要求,倒排工期,将任务逐月分解到施工单位,明确任务完成时间、责任人及奖罚金额,并按期考核。

(2)根据本建设项目的特点、难点和不同阶段工程的进展情况,有针对性地开展质量月、安全生产月、冬季施工、隧道防排水、隧道初期支护、三背回填、桥面系、浆砌工程等专项整治活动,以全面均衡加快项目建设进度。

6. 加强设计变更管理工作。

(1)各建设项目管理处要成立设计变更专职处理工作机构,严格执行交通集团设计变更管理办法,负责处理项目的设计变更工作,建立详细的设计变更台账,按月报交通集团建设管理部，避免由于设计变更影响工程进度及工程计量支付。

（2）对设计变更的处理要增强时效性，加强沟通和联系，一些较大设计变更及时效性要求较高的设计变更可联合办公，即先确定方案，后完善手续。在加快设计变更处理周期的同时，确保设计变更程序完善、资料完整、数量准确、价格合理。建设项目管理处对各自权限内设计变更负全责。

7. 强化监理管理工作。

（1）建立监理工作质量连带责任制度，加大监理人员的考勤考核，实行监理人员考核记分办法，细化监理目标，明确监理个体责任，量化监理工作质量。

（2）对监理机构实行动态管理，每月对监理人员到岗情况进行不定期检查，每阶段对监理人员进行专业考核或考试，不断提高监理队伍素质。

四、安全生产警钟长鸣，安全工作常抓不懈

各建设项目要树立工程建设安全管理及工程全寿命周期间的大安全意识。

（一）树立安全意识，全面提高工程安全品质

各建设项目管理处要树立工程安全及参建者安全的大安全意识。从工程设计、工程建设各方面加强安全管理。设计阶段要通过完善设计，确保设计不存在安全隐患。在建设过程中，要加强质量管理和检测，确保工程实体质量不存在安全隐患。

（二）加大建设过程中对参建人员的安全管理

1. 坚持“安全第一、预防为主”的原则，强化安全生产教育，层层落实安全生产责任。各单位要制定各项安全生产预案，全面统筹安排，认真排查隐患，及时整改落实，确保安全生产。

2. 加强安全薄弱环节管理。完善桥梁高空作业安全网，从业人员必须系安全带；禁止使用破损电线及随意架设；完善安全警示标志，在高速公路与地方路交叉口、已完成土建施工的隧道内、基坑边沿、桥梁边缘、临时用电、施工便道斜弯坡处等危险部位均要设置安全警示标志。

3. 加大安全投入。检查施工单位是否按照要求投入资金，检查“三类人员”持证情况，检查是否对全员进行了安全教育。

五、加强廉政建设，确保项目建设又好又快

从招标、建设到尾留阶段，各级领导干部要按照“干干净净工作，清清白白做人”的要求，坚持立党为公、执政为民，既要干成事，又要不出事。认真落实全省交通系统领导干部和国有企业领导干部廉洁自律重申规定，继续开展警示教育活动，自觉接受舆论监督，认真履行廉政建设的相关规定，加强廉政教育，增强廉政意识，不给施工企业添麻烦、添负担，确保项目健康有序进行。

第二部分　前 期 工 作

关于高速公路建设项目
前期单项评估工作实施指导意见

为了确保高速公路建设项目顺利进行,规范各项目土地预审、环境评估、地震安全性评价、地质灾害评估、水土保持、压覆矿产、文物保护、林地调查、勘测定界、土地报批等单项工作,现将各单项评估工作实施指导意见印发你们,请遵照执行。

一、关于拟委托单位的选定

各单项委托单位的选定,应坚持同级审批、委托同级的原则。国高网的单项评估工作,原则上应选择具有相应专业资质、业绩优良且获国家相关审批部门认可的国家级单位;省高网的单项评估工作,原则上应选择具有相应专业资质、业绩优良且获省级相关审批部门认可的省级单位,以利于各单项评估审批手续的办理,为各项目的顺利实施奠定基础。另外,为了减少中间环节,加快单项手续办理步伐,类似土地预审、勘测定界及土地报批等工作,可一次性委托一个单位具体实施。

二、关于单项评估费用问题

单项评估委托涉及价格问题的确定,应坚持市场价格的原则。根据交通集团已竣工和在建项目各单项委托价格情况,现将各单项委托工作指导价格公布如下,各项目可根据单项评估工作的难易程度和工作量,在指导价格基础上进行适度调整。

指导价格一览表　　　　(单位:万元/km)

序号	项　目	低　限	高　限	指导价格	备　　注
1	土地预审	0.3	0.6	0.4	
2	环境评估	—	—	—	按照国家规定协商
3	地震安全性评价	0.32	1.16	0.60	
4	地质灾害评估	0.25	0.46	0.25	
5	水土保持	0.16	0.97	0.60	
6	压覆矿产	0.11	0.41	0.25	
7	文物保护	1.91	4.75	2.00	按省交通厅与省文物局协商结果办理
8	林地调查	0.20	1.36	0.50	
9	勘测定界	0.56	8.64	1.50	含土地报批

三、关于各项目单项评估工作的计划安排

根据单项评估工作计划，各项目要在时间紧、任务重、设计深度不足的情况下，创新工作思路，超前安排工作，要充分调动各单项被委托单位积极性，督促被委托单位及时完成单项评估报告的编制和审批手续的办理。

四、几点要求

1. 单项评估工作是项目建设前期工作的主要内容。各项目要提高认识，高度重视，按流程办理前期手续（下图），要坚持项目实质性推进和完善各类手续的申办同步进行。

2. 创新工作思路，责任到人。一是要统筹兼顾，超前安排；二是要夯实被委托单位责任，协调设计单位和地方政府相关部门及时为被委托单位提供相应的图件资料；三是各建设项目要责任到人，跟踪办理。

3. 认真筛选被委托单位。要选择业绩优良、信誉高、协调能力强、具有相应专业资质且经相关部门认可的单位作为被委托单位，要将能否按时取得单项手续的批复作为入选单位的必备条件。

4. 建立专业评估单位与主体设计单位联系制度，加强沟通和协调工作力度。专业评估单位要及时主动将评估成果提交设计单位。主体设计单位要充分尊重和运用专业评估成果，并在设计中予以考虑。

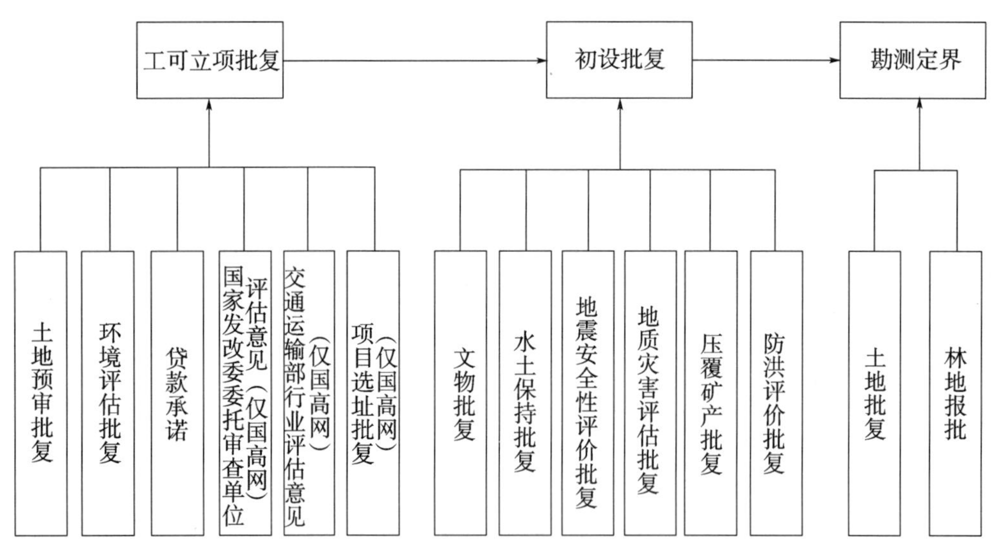

建设项目前期手续流程图

关于规范公路建设项目
征地拆迁工作的几点要求

为了深入贯彻落实省厅关于加快高速公路建设的安排和部署，进一步强化和规范建设项目征地拆迁工作，结合交通集团建设项目工作实际以及征迁工作目前存在的问题，现将有关事项通知如下：

一、配备专职人员、强化征迁人员素质

征迁工作涉及面广、政策性强、费用庞大，因此征迁工作人员原则上应具有大专以上学历及一定的工作经验，懂政策、熟悉自动化办公等。

各建设项目征迁部门必须配备内勤人员，专职负责征迁资料的收集、归档及征迁费用的计量。

二、准确把握征迁工作关键环节

1. 制订详细的征迁工作计划，必要时，根据建设项目实际需要，可倒排征迁工作工期，确保项目顺利实施。

2. 项目管理处的征迁人员，必须参与征地拆迁的全过程，切实尽到监督、把关、协调沟通、纠正处理的责任。

3. 把好征地数量与质量关，征地数量、质量必须以勘测定界成果为准，杜绝随意性变更。

4. 实时实地在监督多方确认结果的同时，要将征地拆迁的原始资料及时收集、整理、归档。有效掌握征迁工作的主动权和资金结算的主动权，便于资金控制和后续审计。

5. 勘测定界结束后，及时兑付耕地占补平衡资金，督促相关部门，落实占补平衡。

6. 积极搞好横向协调，提前安排附属设施和基地建设用地工作，必须做到与主线同步设计、同步征地，以降低征地难度和征地成本，确保附属设施和基地建设按时完成。

7. 提前考虑被征迁群众的社保问题，依据省政府相关政策和当地政府配套政策，为后续的土地报批扫清障碍。

8. 及时督促地方协调机构做好被拆迁群众的安置工作，杜绝上访隐患。

9. 及时安排土地与林地报批工作。在勘测定界结束后，土地、林地报批与征迁工作同

步展开,及时组建并完成报批工作。

三、强化征迁资料的收集、归档与管理

(一)资料的收集与归档

征迁原始资料是各项目实施征迁费用结算的基础,必须及时收集归档。

1. 要将征地、地表附着物、拆迁物、管线迁改、特殊拆迁物的处理等多方签字确认的成果表及时收集归档,按照档案管理的要求,定期装订成册。

2. 要将与征地拆迁有关的补偿标准文件、各类会议纪要等及时收集归档。

3. 要将土地预审、环境评估、地质灾害评估、地震安全性评价、防洪评价、水土保持、压覆矿产、文物保护、林地报批、土地报批等单项批复文件收集归档,以备查询。

(二)台账的健全与管理

建立健全征迁台账,以全面客观反映征迁实际和建设费用的控制情况。

1. 健全征迁台账。征迁台账建立在征迁原始资料的基础上,应包括村、乡镇和县三级的分类台账(跨地市的还要包括分地市台账)。征迁台账包括以下主要内容:

(1)征地补偿费:含耕地、林地、建设用地、未利用地等;

(2)地面附着物补偿费:含青苗、林木等;

(3)建筑物拆迁费:含房屋、猪圈、厕所等;

(4)杆线迁改费:含通信、电力、天然气管道、自来水管道、线路交叉干扰等;

(5)特殊拆迁物补偿费:含工矿企业、事业、学校、加油站、养猪场等;

(6)各项规费:征地管理费、耕地开垦费、森林植被恢复费、水土流失补偿费、征地拆迁及建设环境保障协调费等;

(7)集中安置点三通一平费用。

2. 征迁台账管理。

(1)必须做到账表相符、账实相符,附有协议、清册、领导签字。

(2)定期结算及内审。

(3)分阶段定期与地方协调机构核对账目,发现问题及时纠正处理。

3. 征迁费用必须实行计量支付。工程的计量支付是工程实施过程中规范化的费用结算方式,为了强化征迁费用管理,规范征迁费用结算方式,各建设项目管理处必须将工程计量支付的方式纳入征迁费用的管理与结算。

四、及时编制资料

项目竣工后要及时编制征迁资料,为项目的竣工验收积极创造必备条件。征地拆迁竣工资料要按现行的档案编制要求整理归档,主要包括征地和拆迁两方面的内容。

1. 征地资料的编制:主要包括建设项目用地预审审批文件、使用林地审批文件、与沿线村组签订的用地补偿协议。

2. 拆迁资料的编制:主要包括拆迁户清点登记表,拆迁协议书,按照县、镇、村组分级汇总拆迁量。其中,登记表和汇总表要有政府协调机构、建设单位和产权人三方的签字,

拆迁协议要有政府协调机构和产权人的签字。

3. 特殊拆迁物及其他不可预见的费用，要有拆迁协议或会议纪要，拆迁协议要有政府协调机构、建设单位和产权人三方的签字。

五、要求

1. 各建设项目管理处要提高认识、高度重视，认真落实《通知》的各项要求，按流程进行征地拆迁工作（下图），使征地拆迁工作管理规范化。

2. 征迁资料的完善和归档、征迁台账的建立和健全是征迁费用规范管理的关键环节，是征迁费用结算的基础，各建设项目管理处要落实专人、明确职责、夯实责任、分类整理、定期结算。

3. 档案要求客观真实，内业资料要求完备、手续齐全、账务清楚。坚决杜绝工程竣工后，项目建设管理处征迁资料不全，征迁账务不清，依赖地方协调机构进行征迁费用结算的情况。

4. 请各建设项目在实施中，及时反馈修改意见和建议。

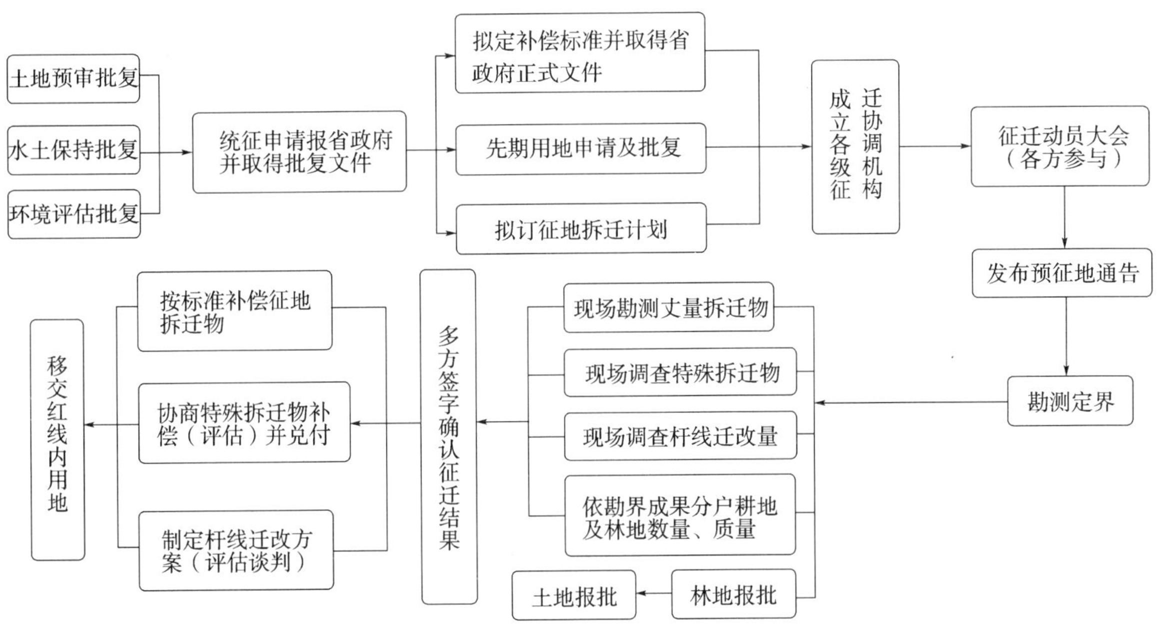

建设项目征地拆迁流程图

××高速公路征迁费用汇总表(编号：　　)

年　月　日　　　　支表二　　　　第1页　共1页

序号	合同内容	到本期末支付金额（元）	到上期末支付金额（元）	本期支付金额（元）
		$C=D+E$	D	E
第100章	建(构)筑物及拆迁补偿			
第200章	征用土地			
第300章	青苗及附着物			
第400章	线杆迁改			
第500章	企业拆迁			
第600章	其他已发生拆迁费用			
第700章	环境协调及征地管理费			
合　计				

××高速公路征迁费用支付报表(编号：　　)

年　月　日　　　　支表一　　　　第1页　共1页

编号	项目内容	支付对象	合同金额(元)			支付金额			累计支付额占合同百分比(%)
			本期末	上期末	本期	本期末	上期末	本期	
			$D=E+F$	E	F	$G=H+I$	H	I	$J=G/D$
1	征地拆迁及环境保障	××县人民政府							

处领导：　　分管领导：　　财务负责人：　　部门负责人：　　制表：

第100章　建(构)筑物及拆迁补偿费用支付表

年　月　日　　　　支表二-1　　　　第1页　共1页

序号	项目名称	单位	单价（元）	到本期末完成		到上期末完成		本期完成	
				数量	金额	数量	金额	数量	金额
			D	$E=G=I$	$F=H=J$	G	$H=D\cdot G$	I	$J=D\cdot I$
1-1	砖混房	m^2							
1-2	砖木房	m^2							
1-3	土木房	m^2							
1-4	简易房	m^2							
1-5	砖混门楼	m^2							
1-6	土木门楼	个							
1-7	砖混圈、厕	m^2							
1-8	土木圈、厕	m^2							
1-9	砖围墙	m							
1-10	…	m							
总计第100章转入汇总表									

第 200 章 征用土地补偿费用支付表

年 月 日 支表二-2 第 1 页 共 1 页

序号	项目名称	单位	单价（元）	到本期末完成		到上期末完成		本期完成	
				数量	金额	数量	金额	数量	金额
			D	$E=G=I$	$F=H=J$	G	$H=D\cdot G$	I	$J=D\cdot I$
2-1	菜地、水田、水浇地	亩							
2-2	服务区用地	亩							
2-3	旱平地	亩							
2-4	旱坡地	亩							
2-5	林地	亩							
2-6	宅基地	亩							
2-7	集体、国有建设用地	亩							
2-8	…	亩							
总计第 200 章转入汇总表									

第 300 章 青苗及附着物补偿费用支付表

年 月 日 支表二-3 第 1 页 共 1 页

序号	项目名称	单位	单价（元）	到本期末完成		到上期末完成		本期完成	
				数量	金额	数量	金额	数量	金额
			D	$E=G=I$	$F=H=J$	G	$H=D\cdot G$	I	$J=D\cdot I$
3-1	青苗	亩							
3-2	园地、苗圃及药材	亩							
3-3	林地上林木	亩							
3-4	果树苗	株							
3-5	未挂果果树	株							
3-6	成年挂果树	株							
3-7	其他经济树	株							
3-8	未成材用材树	株							
3-9	…	株							
总计第 300 章转入汇总表									

第 400 章　线杆迁改费用支付表

年　月　日　　　　支表二-4　　　　第 1 页　共 1 页

序号	项目名称	合同金额（元）	支付金额（元）			累计支付额占合同百分比（%）
			本期末	上期末	本期	
		D	E = F + G	F	G	H = E/D
4-1	电力线路迁改费用					
4-2	广电线路迁改费用					
4-3	移动线路迁改费用					
4-4	联通线路迁改费用					
4-5	电信线路迁改费用					
4-6	铁路高压线路迁改费用					
4-7	…					
总计第 400 章转入汇总表						

第 500 章　企事业单位拆迁补偿费用支付表

年　月　日　　　　支表二-5　　　　第 1 页　共 1 页

序号	项目名称	合同金额（元）	支付金额（元）			累计支付额占合同百分比（%）
			本期末	上期末	本期	
		D	E = F + G	F	G	H = E/D
5-1	×××厂拆迁补偿费用					
5-2	×××厂拆迁补偿费用					
5-3	×××厂拆迁补偿费用					
5-4	×××厂拆迁补偿费用					
5-5	××××有限责任公司					
5-6	××××有限责任公司					
5-7	…					
总计第 500 章转入汇总表						

第 600 章　其他已发生费用支付表

年　　月　　日　　　　　　　　支表二-6

序号	项目名称	合同金额（元）	支付金额（元）			累计支付额占合同百分比（%）
			本期末	上期末	本期	
		D	E = F + G	F	G	H = E/D
6-1	[201×]×号联席会议纪要					
6-2	[201×]×号联席会议纪要					
6-3	[201×]×号联席会议纪要					
6-4	解决××问题					
6-5	解决××问题					
6-6	解决××问题					
6-7	解决××问题					
6-8	解决××问题					
6-9	…					
总计第 600 章转入汇总表						

第 700 章　征地管理及环境保障费用支付表

年　　月　　日　　　　　　　　支表二-7

序号	项目名称	合同金额（元）	支付金额（元）			累计支付额占合同百分比（%）
			本期末	上期末	本期	
		D	E = F + G	F	G	H = E/D
7-1	征地管理					
7-2	环境协调费					
总计第 700 章转入汇总表						

××高速公路征迁费用汇总表(编号：　　)

镇　　　　村　　　　　　　　　　　　　　　　　　　　　　　　年　　月　　日

项目 数量 姓名	砖混房 (m^2)	砖木房 (m^2)	土木房 (m^3)	简易房 (m^2)	厕所 (m^2)		围墙 (m)		房根基 (m^2)		圈舍 (m^2)		水井 (眼)		房外蓄水池 (m^2)	房外小水池 (m^2)	红薯池 (个)	沼气池 (个)	混凝土地面 (m^2)	…	备注
					砖混	简易	砖墙	土墙	干砌	浆砌	砖混	简易	饮水井	压水井							

××高速公路征迁费用汇总表

镇　　村　　　　　　　　　　　　年　　月　　日

项目 / 数量 / 姓名	经济果树(株)				其他经济树木(株)			用材树木(株)			青苗及附着物(m^2)				其他	备注
	直径<2cm	直径2~5cm	直径5~10cm	…	成年桑、花椒	未成年桑、花椒	…	直径2~5cm	直径5~10cm	…	经济作物	温棚蔬菜	苗圃	…		
合计																

第三部分　招 标 工 作

公路工程招标投标管理办法

第一章　总　　则

第一条　为加强陕西省交通建设集团公司（以下简称“交通集团”）招标工作管理，根据《中华人民共和国招标投标法》和交通运输部、陕西省有关招标投标的法律、法规和文件规定，结合交通集团的实际情况，制定本办法。

第二条　本办法适用于由交通集团负责建设的新建、改（扩）建公路工程的施工、设计、监理招标等。

第二章　招标机构

第三条　交通集团成立招标领导小组，下设建设项目招标分组（以下简称“建设分组”）。招标领导小组由交通集团主要领导任组长，其成员由建设、养护、计划、监察、财务、审计、办公室、收费、路政、治超、工会等相关职能部门负责人组成。交通集团所有的招标工作均在招标领导小组的统一领导下进行。

第四条　建设分组由交通集团主管建设的领导任组长，其成员由招标领导小组相关人员组成。分组下设招标办公室（以下简称“招标办”），办公室设在建设管理部，负责具体招标管理工作。

第五条　建设工程招标工作的具体执行机构为各项目建设管理处（以下简称“执行机构”），各项目管理处处长为招标工作责任人，分管处长为招标工作直接责任人。

第六条　交通集团设立公路工程评标专家库，专家抽取按有关规定执行。

第七条　交通集团监察室负责交通集团所有招标工作全过程的监督监察。

第三章　工作职责

第八条　招标领导小组职责为：

1. 领导交通集团各类招标工作，负责监督、指导招标工作。

2. 审定招标工作思路、方法。

3. 审定研究招标工作中的重大问题，确定重大事项。

第九条 建设分组职责为:

1. 具体负责各专业招标工作。
2. 审定招标(资审)文件、审查评标办法。
3. 审定招标工作中的有关问题,确定有关事项。
4. 监督、指导招评标活动。
5. 审定招标方案、招标计划,审定资格预审结果和评标结果。

第十条 招标办职责为:

1. 负责贯彻落实有关招标法律法规和省交通厅、交通集团关于招标工作的指导意见。
2. 负责审核执行机构制定的招标计划、招标方案。
3. 负责组织审核项目招标(资审)文件、招评标办法、资格预审办法等。
4. 负责组织开标会议。
5. 负责准备议题,组织召开招标领导小组(分组)会议。
6. 负责向省交通厅报备有关文件。
7. 负责招标工作的协调、组织、指导工作。
8. 负责组织资格预审、评标工作。

第十一条 执行机构职责为:

1. 负责编制建设项目招标计划。
2. 负责提出招标方式和招标建议方案及标段划分意见。
3. 负责办理招标公告等手续。
4. 负责编制资格预审文件、招标文件及限价。
5. 负责标前会和现场考察的组织工作。
6. 负责开标会议及开标有关具体工作。
7. 负责组织清标工作,配合评标委员会工作。
8. 负责合同文件的准备工作。
9. 负责配合投诉调查和处理。

第四章 招 标 方 式

第十二条 招标分为公开招标、邀请招标、公开询价、邀请询价和议标五种方式。

第十三条 招标方式的选择

1. 交通集团所辖高速公路建设项目主体工程的施工及监理工作必须采用公开招标方式。

2. 符合下列条件之一的项目的施工及监理招标,履行有关审批手续后,可以进行邀请招标:

(1)技术复杂或者有特殊要求;

(2)符合条件的潜在投标人数量有限;

(3)受自然地域环境限制;

(4)法律、法规规定不宜公开招标；

(5)采用公开招标方式所需经费占项目价值比例过大、不符合经济合理性要求；

(6)工期特别紧。

3. 符合下列条件之一的项目，履行有关审批手续后，可采用公开或邀请询价方式招标：

(1)已在主体工程中进行过公开招标，需进一步对成品、半成品招标；

(2)设备及实验仪器、原材料等因型号、品牌、价格因素不确切，公开招标难以实施；

(3)预期中标价值不超过200万元；

(4)设备、材料的规格型号及技术要求明确，总价值不超过100万元；

(5)符合条件的潜在投标人数量有限。

4. 符合下列条件之一的项目，履行有关审批手续后，可采用议标的形式：

(1)涉及国家安全、国家秘密或者抢险工程不宜招标；

(2)设计采用特定专利技术、专有技术，或者建筑艺术造型有特定要求；

(3)施工所需的主要技术、材料、设备属于专利性质，并且在专利保护期内；

(4)停建或缓建后恢复建设，承包人资质没有发生实质性变化；

(5)在建工程追加的附属小型工程(追加投资额小于原投资额的10%)，或者技术难度不大、合同金额较小；

(6)招标时无潜在投标人或者没有合格的投标人，或者投标人数量不满足要求；

(7)技术复杂或者性质特殊，不能确定详细规格或者具体要求；

(8)事先不能计算出或估算出合同总价；

(9)有特定技术要求且潜在投标人相对单一，或发生紧急情况，不能从其他承包人处获得服务；

(10)必须保证原有项目的一致性或者服务配套的要求，须从原承包人处获得服务，且金额不超过原合同金额10%；

(11)勘察、设计、监理等服务，单项合同估算在50万元以下。

第五章　招标工作程序

第十四条　工程建设项目招标前，执行机构根据工程实际，以文件的形式提出招标计划及方案，经招标办审查，报经建设分组和招标领导小组审批后，按照有关规定的程序办理具体的招标工作。

第十五条　招标程序：

1. 为使招标工作顺利、有序地进行，招标前，执行机构应编制一份详细的招标工作计划，主要内容包括：招标人员组成、招标程序安排、会议议程、时间安排、招标工作所需费用、办公用品和设备以及其他需注意的重要事项等。

2. 执行机构编写招标(资审)文件。

3. 招标办负责组织审查招标(资审)文件，提交招标领导小组(建设分组)审定。

4. 执行机构根据审查意见修改完善招标(资审)文件，由招标办上报省交通厅审查、核备。

5. 办理资格预审(招标)公告。

6. 执行机构负责办理招标(资审)文件的发售，组织现场考察，召开标前会议。

7. 执行机构负责编写招标限价，招标办进行审查，提交招标领导小组(建设分组)审定。

8. 执行机构负责整理补遗书的内容，一般性问题经招标办审查后由执行机构下发，重大问题由招标领导小组(分组)审定后下发。

9. 执行机构负责组织开标、清标工作，配合评标、澄清等工作。

10. 建设分组依据评标报告定标。

11. 报请省交通厅公示。

12. 签发中标通知书。

13. 拟定、签订合同文件。

第六章　纪律与监督

第十六条　招标工作的监督部门为交通集团监察室，遵循公开、公平、公正和诚实信用的原则，落实廉政建设的有关规定，执行招标投标的法定工作程序，对招标工作进行全程监督监察。

第十七条　评标工作遵循公平、公正、科学、择优的原则，评标工作应在严格保密的条件下进行。评标期间，评标和清标人员必须严格遵守保密规定，不得泄露与评标有关的情况，不得索贿受贿，不得参与影响评标公正的任何活动。

第十八条　在中标结果确定前，与评标活动有关的评标委员会及工作人员名单、评审办法、评审地点等有关信息严格保密。

第十九条　交通集团任何人不得非法干预或者影响评审过程和结果，如果发现有影响评标过程和结果的行为，将依法追究相关人员责任。

第二十条　所有招标评标工作应在交通集团领导小组、纪检监察部门和省交通厅有关部门的监督下按程序进行。

第七章　附　　则

第二十一条　本办法由交通集团负责解释。

第二十二条　本办法自发文之日起执行。

公路工程招标工作规则

为规范建设项目招投标工作，加强招投标工作的管理，遵循“公平、公正、公开”的原则，根据交通运输部及省交通厅有关法规、办法，特制定本工作规则。

第一章　组 织 机 构

第一条　组织机构：

1. 领导机构。

陕西省交通建设集团公司（以下简称“交通集团”）成立招标领导小组，其主要职责是：领导交通集团各类招标工作，负责监督、指导招标工作；审定招标工作思路、方法；审定研究招标工作中的重大问题，确定重大事项。

招标领导小组下设建设分组，主管建设工程项目招标工作，其主要职责是：具体负责各专业招标工作；审定招标（资审）文件，审查评标办法；审定招标工作中的有关问题，确定有关事项；监督、指导招评标活动；审定招标方案、招标计划，审定资格预审结果和评标结果。

2. 办事机构。

招标领导小组下设办公室。办公室设在建设管理部，主要负责贯彻落实有关招标法律法规和省交通厅、交通集团关于招标工作的指导意见，负责审核各建设项目制定的招标计划、招标方案、招标文件、资审文件、评标办法、资审办法等，负责招标工作的协调、组织、指导工作。

3. 执行机构。

招标工作的具体执行机构为各建设项目管理处，其职责是：负责根据项目总体安排编制招标计划，提出招标方式和招标建议方案，编制招标文件、清标、评标及准备合同文件等工作。各建设项目管理处长为招标工作的负责人，分管处长为招标工作的直接责任人。

4. 监督机构。

交通集团招标工作均由交通集团纪检监察室进行监督，并均接受上级主管部门监督。负责对交通集团所有招标工作全程监督监察，参与招标工作的各个环节，交通集团的招标均应自觉接受监察室的监督。

第二章　招 标 文 件

第二条　招标文件编制与审查：

1.编写招标文件。

各建设项目管理处(以下简称“管理处”)负责组织编制并提交经审定的技术规范书，并根据招标计划和技术规范书编写商务招标文件，审查同类型、同等级的资质业绩要求，商务招标文件中是否予以明确。如有特殊的技术规范要求，可以在补遗书中进行规定。

2.招标文件的审查流程。

招标文件编制完成后，由交通集团招标领导小组办公室负责组织对招标文件进行审查。

(1)招标文件审查时间：根据招标情况拟定招标文件审查时间。

(2)招标文件审查人员：由交通集团招标领导小组(分组)成员(建设、计划、财务、审计、监察等)及省内专家(如需要)组成。

(3)招标文件审查方式：实行由专家审查的审查方式，分为商务组和技术专业组开展招标文件审查工作，最后由招标人综合汇总形成审查意见；招标文件有关资质业绩等重大事项，应由招标领导小组批准。

(4)招标文件审查内容：商务组负责审查所报项目是否已经批准，初步设计是否完成，招标文件中主要商务条款、资质业绩要求、评标标准以及评标办法，确保招标的竞争性；技术组审查技术规范书是否符合范本格式，技术参数是否符合相关行业标准。根据商务组和各技术专业组的审查内容分别形成审查纪要(专家意见)。

3.招标文件的修改。

招标执行机构按照审查纪要对招标文件进行修改，并将修改好的招标文件及时递交给招标领导小组办公室。

4.招标文件的印刷。

招标执行机构根据招标领导小组同意或批复的招标文件，自行印刷制作或委托专业印刷公司印刷制作招标文件。

第三条 招标文件的审批：

1.招标文件在审查完成后，应严格按照审批程序经各有关部门会签，并报招标领导小组批准(审查表见附件一)后上报省交通厅。

2.任何单位或个人不得擅自修改批准后的招标文件，如有特殊情况，须报招投标领导小组审批。

3.招标文件、招标公告经批准后，依法必须招标的，应在政府指定的媒介上发布招标公告(格式见附件二)。

第四条 招标文件的发售：

1.招标文件的售价要体现公益性原则，主要用于招标文件制作成本费用及有关咨询费，不能以营利为目的。

2.招标文件自招标公告发布之日起发售，发售时间最短不少于5个工作日，招标文件售后不退。

3.招标文件的发售由招标执行机构负责。在招标文件的发售过程中，要做好招标文件购买记录，实时掌握招标文件的购买情况，保证招标工作具备充分的竞争性。

第五条 投标截止时间前招标、投标文件的澄清和修改：

1. 招标人对已发出的招标文件进行必要的澄清或者修改的，招标人应当在投标截止期7天前将澄清和修改以书面形式通知所有招标文件收受人。

2. 潜在投标人对招标文件提出澄清的问题，应当以书面形式在投标截止期7天前通知招标人。招标人应当以书面形式答复，并将不标明澄清来源的书面答复通知所有招标文件收受人。

3. 招标文件商务部分、技术部分的澄清或者修改由招标执行机构编写，并报招标领导小组审批。

4. 招标文件出售后由招标执行机构组织各投标人进行工程现场考察，并开标前会议，对于潜在投标人在阅读招标文件中提出的疑问进行解答，同时将解答以书面形式通知所有招标文件收受人。

5. 标前会议由招标执行机构统一组织和安排，除招标文件明确要求外，出席投标标前会不是强制性的，由潜在投标人自行决定，并自行承担由此可能产生的风险。

6. 投标人收到招标执行机构对招标文件的书面澄清或修改后，应当立即以书面形式回复招标人确认。

7. 招标执行机构对已发出的招标文件进行的必要澄清或者修改和应投标人要求对招标文件进行的澄清为招标文件的组成部分。

8. 招标人有权根据实际情况决定是否延长投标截止时间，并由招标执行机构书面通知所有招标文件收受人，招标文件收受人应立即以书面形式回复招标人确认。

9. 投标人在招标文件要求的投标截止时间前，可以补充、修改或者撤回已提交的投标文件，并书面通知招标人。

10. 投标截止时间前，投标人对投标文件补充、修改的内容为投标文件的组成部分。

11. 招标限价确定：由项目执行机构根据项目具体情况推荐最高（最低）限价，上报交通集团招标领导小组，招标领导小组办公室审查后组织召开招标领导小组会议，确定最高（最低）限价（流程见附件三）。

第三章 评标委员会

第六条 评标专家抽取：

1. 依据交通运输部评标专家管理规定、办法，采取随机方式抽取评标专家。

2. 招标执行机构根据招标项目的具体情况确定需要参加评标工作的专家人数，并填写《专家抽取申请表》（详见附件四）报招标领导小组办公室。

3. 专家抽取应在具备封闭条件的地点进行。

4. 专家抽取过程按照有关规定执行。

第七条 评标委员会组成：

1. 评标委员会由招标人熟悉相关业务的代表，以及有关技术、经济等方面的评标专家组成，成员人数为五人以上单数，其中技术、经济等方面的专家不得少于成员总数的三分之二。

2. 评标委员会主任由评标委员会民主推选。

3. 评标委员会的专家成员原则上应当从《公路建设项目评标专家库管理办法》(交公路发[2001]300号)认可的专家库中随机选取;技术特别复杂、专业性要求特别高或者有特殊要求的项目,可以按国家有关规定执行。

第四章 开　标

第八条 开标:

招标人应按照招标文件和招标公告规定的时间和地点进行开标。开标程序应符合国家有关法律、法规、规章和有关规定以及招标文件的规定。

1. 招标人、投标人的代表、监督等相关人员参加开标。

2. 如需设定技术复杂系数(K),由项目执行机构根据项目具体情况按照交通运输部有关规定推荐技术复杂系数的取值范围,上报招标领导小组,确定技术复杂系数(流程见附件五),并交监督部门。

3. 开标程序。

(1)接收投标文件。

根据招标文件规定的投标文件递交时间,招标人做好接收并妥善保存开标文件和投标文件,并按投标人递交投标文件的时间顺序签名登记,投标人签字。如果开标时间或地点有改变,招标人应提前通知,并拒绝逾期提交的投标文件。不接受邮寄方式提交投标文件。

(2)开标。

所有投标文件的开标时间为招标文件规定的开标时间。

开标工作由招标人主持、纪检监察人员全程监督,工作人员由监标、开标、唱标、记录等组成(详见附件六)。开标前向各投标人公开宣读技术复杂系数K值(如果有)。

监督人员从投标文件中随机抽取投标人代表检查投标文件的密封情况,经确认无误后,由开标工作人员当场拆封,宣读投标人名称、投标报价和投标文件的其他主要内容。开标过程和内容应记录完整,开标记录表经投标人签字确认后存档备查。

第五章 评　标

第九条 评标地点:

为保证评标工作的正常开展和有序进行,评标地点的选择应遵循以下原则:

1. 由监督部门确定评标地点。

2. 评标地点应相对独立、环境良好、具备封闭条件。

3. 评标地点应能满足评标工作要求。

4. 评标地点应具有良好的后勤保障,能够满足评标工作日常生活需要。

5. 评标不能连续在同一地点进行。

第十条 评标机构：

1. 评标委员会。

评标委员会负责组织协调评标工作，下设清标工作组。

2. 清标工作组。

清标工作组由招标人抽调熟悉招标工作、政治及业务素质高的人组成，协助评标委员会工作，各招标执行机构的负责人为清标工作组组长。

3. 监督。

监督由监察部门人员组成，主要职责是：对招标活动全过程进行监督，即对招标文件审查、投标资格审查、开标、评标、定标和其他可能影响招标“公开、公平、公正”原则的环节进行监督；受理招标活动过程中的投诉举报；对招标工作中的违纪违规问题提出纠正和处理意见；完成监督报告。

第十一条 评标工作程序：

所有开标、投标文件由招标人负责保存并在开标后转移至评标现场。招标人应做好评标保密和对外通信联络的控制工作。所有评标资料在评标期间不应携带出评标现场。在评标过程中，任何单位和个人不得非法干预、影响评标过程和结果。

1. 评标标准和方法。

评标委员会按照招标文件规定的评标原则及评标办法对投标文件进行评审。

2. 评标程序。

评标委员会应当按照下列要求和程序进行评标，清标工作组严格遵守“背靠背”的评标原则，确保评标过程中信息的保密。

(1)评标准备阶段。

清标工作组编制评标阶段工作计划，做好评标的准备工作，由招标人主持召开评标工作人员会议，明确分工，监督人员宣布评标纪律及相关注意事项。

(2)初评阶段。

①清标工作组代评标委员会草拟《评标细则》。

②清标工作组依据评审细则中初步评审及详细评审的条件要求对投标文件的财务建议书、财务状况、管理能力、施工业绩、履约信誉、施工组织设计等方面进行详细摘录，供评标委员会参考。

③评标委员会负责审查并确定清标工作小组提交的初评意见，确定通过初评的投标人名单，对澄清问题进行审批(如果有)。

④清标工作组按照招标文件规定的评标标准和评标方法对投标文件进行系统地比较和评审；阅读投标文件，审查每一个投标文件是否对招标文件提出的所有实质性要求和条件做出响应；按照澄清程序和废标程序，提交初评意见及通过初评的投标人名单，报评标委员会审查。

(3)详评阶段。

①评标委员会审查清标工作组草拟的评标细则。根据评标细则的要求，参考清标工

作组的详细摘录,对每份标书进行认真审查、综合评定;根据招标文件中规定的评审办法进行评审,并排出名次。

②清标工作组主要工作:向评标委员会上报澄清问题,清标工作组根据初评和澄清结果进行打分,对投标人进行价格、技术和商务详细评价,向评标委员会汇报澄清及详评工作进展。

③监督组主要工作:监督整个评审过程。

(4)完成评标报告。

根据澄清及详评的工作成果,由评标委员会撰写书面评标报告,并在评标报告上逐页签字,根据汇总的排序表决定推荐中标候选人。

(5)招标人、评标委员会成员和与评标活动有关的工作人员不得泄露、侵犯投标人的技术秘密和商业秘密,不得泄露投标文件的比较和评审、中标候选人的推荐情况以及与评标有关的其他情况。

第十二条 评标阶段投标文件的澄清(如果有):

1. 清标工作组认为投标文件中有含义不明确的内容,需要投标人进行必要的澄清或者说明的,应当草拟有关澄清或者说明要求,填写澄清汇总表,提交评标委员会。

2. 经评标委员会审批后的澄清,由清标工作组提交会务组统一对外发出。

3. 评标程序中,投标人对投标文件的澄清或者说明不得超出投标文件的范围或者改变投标文件的实质性内容。

4. 评标程序中,投标人对投标文件的澄清或者说明应当以书面形式提交招标人,该澄清或者说明的内容为投标文件的组成部分。

5. 招标人收到投标人对投标文件的书面澄清或者说明后,应当及时提交评标委员会。

第十三条 废标:

投标文件对招标文件提出的实质性要求和条件没有做出实质性响应的,应当视为废标。

1. 清标工作组提出不进入详评的投标人名单及不进入详评的原因,填写不进入详评的投标人审批单,经组长签字后报评标委员会批准。每次评标对同一问题的废标情况应保持一致。

2. 评标委员会对清标工作组提出不进入详评的投标人名单及不进入详评的原因进行讨论,并要求不进入详评的投标人签字确认。

3. 经签字确认后的不进入详评的投标人名单要进入评标报告中。

第六章 定 标

第十四条 定标:

1. 评标委员会提出书面评标报告后,招标领导小组召开会议进行定标。

2. 招标领导小组听取招标执行机构的汇报,并根据评标报告推荐的中标候选人确定中标人。中标人的投标应当符合下列条件之一:

(1)能够最大限度地满足招标文件中规定的各项综合评价标准。

(2)能够满足招标文件的实质性要求,并且经评审的投标价格最合理。

确定非排名第一的候选人中标的,应有充分理由,并书面说明。

3. 定标会议后,将经会议通过的中标人(资格预审通过的申请人)及评标报告以文件形式正式报省交通厅核备(定标格式见附件七)。

4. 根据定标结果及评标报告,由省交通厅在其网站上发布中标结果公示。

5. 招标人应根据中标结果,在公示 7 日内无异议后内向中标人发出中标通知书(格式见附件八),中标通知书应加盖交通集团的公章。如有投标人对评审结果提出异议的,应由监督部门对此进行调查,经确认举报真实,可推荐第一后备中标候选人为中标人;经确认举报不真实,则出具书面报告并核备。

6. 潜在投标人在中标通知书发出之前,声明不履行合同的,招标人应当取消其投标资格,并有权没收其投标保证金。

7. 排名第一的中标候选人放弃中标,因不可抗力提出不能履行合同,或者招标文件规定应当提交履约保证金而在规定的期限内未能提交的,招标人可以确定排名第二的中标候选人为中标人;排名第二的中标候选人因同样的原因不能签订合同的,招标人可以确定排名第三的中标候选人为中标人。

8. 中标候选人放弃中标或者在规定的期限内未能提交招标文件规定的履约保证金,招标人有权没收其投标保证金。

第十五条　归档:

1. 中标公告发布后,招标执行机构须及时将招标文件、投标文件、补遗更正文件、投标人的澄清文件、评标文件等登记造册归档。

2. 评标过程中形成以下文件:

(1)招标(资审)文件审查专家意见;

(2)招标过程中发放的补遗书;

(3)招标公告和招标(资审)文件;

(4)招标(资审)文件购买记录;

(5)开标记录;

(6)评标报告;

(7)中标通知书;

(8)招标过程中形成的其他有关文件。

第七章　合 同 签 订

第十六条　合同签订:

1. 招标人和中标人应当自中标通知书发出之日起在招标文件规定时间内,并确定收到履约担保、履约诚信担保和农民工工资担保后,签订合同。

2. 招标人或中标人不得无故拒绝或拖延与对方签订合同,因中标人原因拒绝签订合同时，招标人有权取消其中标人资格，没收其投标保证金，重新确定中标人；因招标人原因未能在法律规定的期限内与中标人签订合同的，招标人应当尽快与中标人签订合同，并不得没收其投标保证金。

3. 合同签订后，管理处督促中标人按时进场施工。对于在合同执行过程中出现的工期、质量等问题，应及时处理，并将承包人的不良记录汇总登记，实现内部信息共享，以促使承包人不断提高服务质量。

第八章　其　　他

第十七条　投诉处理：

1. 管理处、承包人、供应商和其他利益相关单位、个人可以向省交通厅就招标有关问题进行投诉。

2. 投诉的条件：

(1)有关投标人资格的投诉，包括投标人的商业资质、业绩、事故记录、质量问题、交付进度等方面。

(2)有关招标投标程序方面的投诉，包括项目审批情况、是否规避招标、招标方式、招标组织形式、招标文件发布、投标文件提交、开标、评标、定标和签订合同等方面。

3. 招标人接受投诉后，应当详细了解有关具体事实，积极听取利益相关各方的意见，在掌握证据的基础上，依照有关规定，在 5 日之内作出处理。

4. 投诉处理方式，为通报批评、停止一定时期或一定范围内投标资格等。

5. 对于证实为虚假投诉的，将予以严肃处理。

第十八条　应急预案：

1. 在合同执行过程中，对于个别承包人、供应商不能履约的，管理处按《中华人民共和国合同法》规定终止合同；且工期要求特别紧急，按照一般的招投标工作程序无法满足工程建设需要，可以根据实际情况，经报请招标领导小组同意后，采取措施重新选择承包人、供应商。

2. 选择承包人、供应商的过程必须遵循“公平、公正、诚实信用”和充分竞争的原则。

3. 选择的承包人、供应商应该符合：整体实力强、履约服务好、产品质量优、供货及时等条件。

4. 为保证招标活动的公正性，选择承包人、供应商的工作应在监督部门的全程监督下进行。

5. 选择结果必须报请招标领导小组批准后执行，并将所有文件材料归档备查。

第九章　附　　则

本规则自发文之日起实施执行，其解释工作由交通集团负责。本规则适应于由交通集团实施管理的重点建设项目的资格预审及招标工作，其他改(扩)建项目可参考执行。

附件一:陕西省交通建设集团公司公路工程招标(资审)文件审查会签表
附件二:公路工程招标公告
附件三:最高限价审查流程
附件四:施工招标评标抽取专家申请表
附件五:技术复杂系数审查流程
附件六-1:________高速公路________招标开标会议议程
附件六-2:________高速公路________招标开标记录(K值、最高限价和最低限价)
附件六-3:________高速公路________招标开标记录
附件七-1:________高速公路________工程招标定标投票单
附件七-2:________高速公路________招标定标投票汇总表
附件八:中标通知书

附件一：

陕西省交通建设集团公司
公路工程招标(资审)文件审查会签表

时间：____年____月____日

<table>
<tr><td>项目名称</td><td colspan="3"></td><td>管理处负责人</td></tr>
<tr><td>招标内容和阶段</td><td colspan="3"></td><td rowspan="8"></td></tr>
<tr><td>评标办法</td><td colspan="3"></td></tr>
<tr><td>计划招标
(公告发布)时间</td><td colspan="3"></td></tr>
<tr><td rowspan="4">标段划分情况</td><td></td><td colspan="2"></td></tr>
<tr><td></td><td colspan="2"></td></tr>
<tr><td></td><td colspan="2"></td></tr>
<tr><td></td><td colspan="2"></td></tr>
<tr><td rowspan="2">委托专家
审查情况</td><td></td><td></td><td colspan="2"></td></tr>
<tr><td></td><td></td><td colspan="2"></td></tr>
<tr><td colspan="3" rowspan="2">会签：</td><td>主办部门
负责人签字：</td><td></td></tr>
<tr><td>经办人：</td><td></td></tr>
<tr><td colspan="5">交通集团领导批示：</td></tr>
</table>

附件二：

公路工程招标公告

<table>
<tr><td colspan="2">项目名称</td><td colspan="7"></td></tr>
<tr><td colspan="2">项目法人</td><td colspan="7"></td></tr>
<tr><td colspan="2">招标人</td><td colspan="7"></td></tr>
<tr><td colspan="2">初设批复机关及文号</td><td colspan="7"></td></tr>
<tr><td colspan="2">招标组织方式</td><td colspan="4"></td><td>概算投资</td><td colspan="2"></td></tr>
<tr><td rowspan="4">本次公开招标施工（监理）标段</td><td>工程类别</td><td>施工标段</td><td colspan="3">里程桩号</td><td>标段长度（km）</td><td>工程内容</td><td>备注</td></tr>
<tr><td rowspan="3"></td><td rowspan="3"></td><td colspan="2"></td><td></td><td rowspan="3"></td><td></td><td rowspan="3"></td></tr>
<tr><td colspan="2"></td><td></td><td></td></tr>
<tr><td colspan="2"></td><td></td><td></td></tr>
<tr><td colspan="2">资金来源及资金落实情况</td><td colspan="7"></td></tr>
<tr><td colspan="2" rowspan="3">本次招标申请投标单位应具备的资格条件及对各标段的技术、性能等要求</td><td colspan="7"></td></tr>
<tr><td colspan="2">类别</td><td>标段</td><td colspan="4">资格要求</td></tr>
<tr><td colspan="2"></td><td></td><td colspan="4"></td></tr>
<tr><td colspan="2">发售资格预审文件的时间</td><td colspan="7"></td></tr>
<tr><td colspan="2">申请投标提交的相关资料</td><td colspan="7"></td></tr>
<tr><td colspan="2">资格预审文件递交时间</td><td colspan="7"></td></tr>
<tr><td colspan="2">发售招标文件预计时间</td><td colspan="7"></td></tr>
<tr><td colspan="2">投标文件递交预计时间</td><td colspan="7"></td></tr>
</table>

续上表

<table>
<tr><td rowspan="3">联系方式</td><td>单位</td><td></td><td>联系人</td><td></td></tr>
<tr><td>通信
地址</td><td></td><td>邮编</td><td></td></tr>
<tr><td>电话</td><td></td><td>传真</td><td></td></tr>
<tr><td>业主单位意见</td><td colspan="4">（盖章）
二〇　　年　　月　　日</td></tr>
<tr><td>省级行业主管
部门初审意见</td><td colspan="4">（盖章）
二〇　　年　　月　　日</td></tr>
<tr><td>省发改委意见</td><td colspan="4">（盖章）
二〇　　年　　月　　日</td></tr>
</table>

附件三：

最高限价审查流程

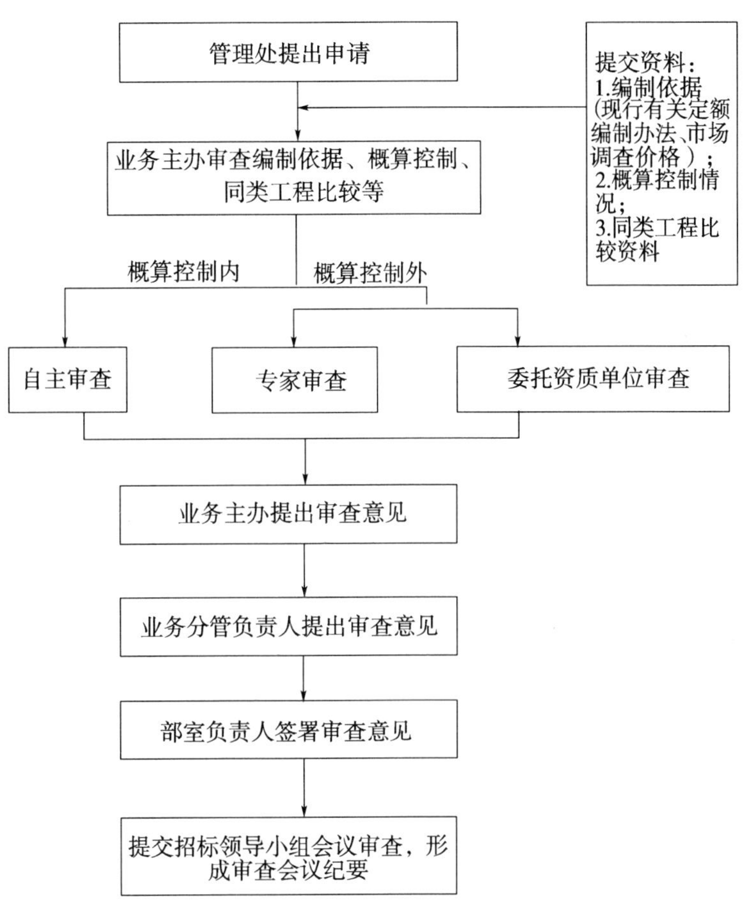

附件四：

施工招标评标抽取专家申请表

<table>
<tr><td>项目管理单位</td><td colspan="3"></td></tr>
<tr><td>项目名称</td><td colspan="3"></td></tr>
<tr><td>资格预审情况</td><td colspan="3">____年____月____日至____年____月____日完成了资格预审工作</td></tr>
<tr><td>出售招标文件份数</td><td></td><td>递交投标文件份数</td><td></td></tr>
<tr><td>开标情况</td><td colspan="3"></td></tr>
<tr><td>清标工作组</td><td colspan="3">组长：
成员：</td></tr>
<tr><td>清标情况</td><td colspan="3"></td></tr>
<tr><td>评标委员会组成</td><td colspan="3">由　　名专家和　　名业主代表组成</td></tr>
<tr><td>申请单位</td><td colspan="3">盖章：
年　月　日
负责人(签字)：
年　月　日</td></tr>
</table>

附件五：

技术复杂系数审查流程

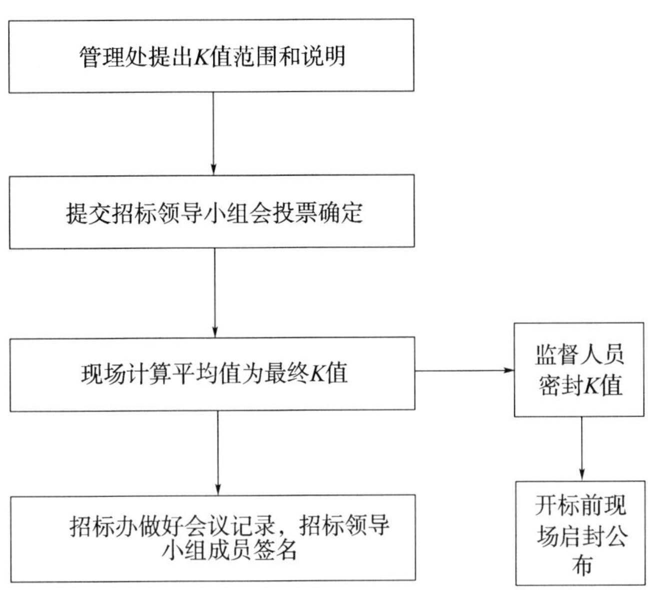

附件六-1：

____________高速公路

____________________招标

开标会议议程

会议时间：

会议地点：

大会主持人：　　　　　　　　　　　开标主持人：

一、会议议程

1. 会议主持人宣布开标会议开始（____时），介绍与会人员（省交通厅、监察厅驻交通厅、交通集团招标办公室、建设项目管理处等）。

2. 宣布开标纪律：在会议期间，请大家关闭手机，不准喧哗，尽量减少走动，保持良好的会场秩序；请大家爱护公物，不要损坏会场财物；不准在会场内吸烟。

3. 交通集团____________致欢迎辞。

4. 省交通厅____________讲话。

5. 由监察厅监督人员和交通集团监察人员与预算编制人员当众拆封，宣布各合同段评标系数 K 值。

6. 主持人宣布投标文件的递交情况。

7. 由监督人员随机确定各合同段投标人代表，检查投标文件的包封情况并宣布检查结果。

8. 请参会人员前排就座，工作人员就位，准备开标（以下由开标主持人主持开标）。

9. ____项目____工程第____合同段开标。

（1）密封性检查和标书的开启。

（2）标书的传递、整理。

（3）唱标。

经检查，____投标人递交了投标担保和投标信誉担保，投标文件完整，初步符合性检查通过。投标报价为：____人民币（大写2遍，小写2遍）。

（4）依次完成本合同段开标，并宣布由各投标人代表对投标结果签字确认。

（5）以次类推完成其余合同段的开标。

10. 监督人员讲话。

11. 开标会议结束。

二、其余工作人员分工安排

电子投影记录：

书面记录：

会议记录及摄像：

……（各项目根据工作量和人员数量具体安排）

附件六-2：

____________高速公路

____________________招标

开标记录（*K* 值、最高限价和最低限价）

日期：　　年　月　日

项目名称	合同段名称	技术复杂 系数 *K* 值	最高限价 （元）	最低限价 （元）	备　注
					最高、最低限价含专项暂定金和暂定金

记录：　　　　　　　　复核：　　　　　　　　监督：

附件六-3：

____________高速公路

____________________招标

开 标 记 录

合同段名称：　　　　　　　　　　　　　　　　　　　　　　　　　　　日期：

最高限价：　　　　　　　　　　　　最低限价：

序号	投标单位名称	投标文件密封性是否完好	投标报价金额(元)	投标人代表签字
1				
2				
3				
4				
5				
6				
7				
8				
9				
10				

记录：　　　　　　　　　　　　　　　　唱标：　　　　　　　　　　　　　　　　监督：

附件七-1：

________高速公路________工程招标定标投票单

项目名称：　　　　　　　　　　　　　　　　　　　　　　　　　　　　　　　时间：

合同段	排名次序	中标候选人名单	最终得分	预期中标价（元）	推荐意见	投票结果

说明：上述各项中用“○”表示通过，“ × ”表示不通过。

附件七-2：

________高速公路________招标定标投票汇总表

项目名称： 时间：

合同段	排名次序	中标候选人名单	最终得分	预期中标价（元）	推荐意见	投票结果	得票数

监督： 唱票： 计票：

说明：上述各项中用“○”表示通过，“×”表示不通过。

附件八：

中标通知书

致________________公司：

经_____________高速公路____________工程施工（监理）招标评标委员会评审并推荐，陕西省交通建设集团公司招标领导小组审定，并报陕西省交通厅公示、核备，决定将___________高速公路__________工程标段，以合同总价人民币_______（大写）（￥__小写___）授予贵单位。

接到中标通知书后，抓紧做好施工的前期准备工作，并按招标文件规定，及时办理履约担保及开工预付款保函，并于规定时间前来我公司签订合同协议书。

____年____月____日

非公开招标项目暂行办法

第一章　总　　则

第一条　为了进一步规范陕西省交通建设集团公司（以下简称“交通集团”）非公开招标项目管理，加强项目监督，保证决策公平、公正、科学进行，根据交通集团《“三重一大”决策制度实施办法》、《固定资产管理办法》、《公路工程招标投标管理办法》、《公路养护工程招标投标管理规定》等制度规定，结合工作实际，制定本暂行办法。

第二条　本暂行办法所指非公开招标项目是指建设、养护、房建、机电工程、收费设施单项工程合同估算价在200万元以下；重要设备、材料采购等单项合同估算价在100万元以下；勘察、设计、监理、审计等服务单项合同估算价在50万元以下；物资设备、办公用具用品采购合同估算总价30万元以下的集中采购项目；服务区场地设施、公路沿线设施租赁项目。

第三条　非公开招标项目实施必须遵循以下原则：

1. 坚持计划性原则。非公开招标项目决策实施必须纳入交通集团年度计划，并严格执行批准的计划。

2. 坚持规范科学决策原则。从实际出发，加强决策前的调查研究和科学论证，按程序决策，增强决策的科学性，避免决策失误。

3. 坚持集体研究决策原则。根据工作职责，权限划分和有关议事规则及制度规定，实行集体研究决定。

4. 坚持公平公正决策原则。坚持民主集中制，集思广益，按照少数服从多数的原则作出决定，保证决策公平公正，严禁“个人说了算”和“提前内定”等违规操作行为。

5. 坚持备案制度原则。非公开招标项目管理实行报备制度，由实施单位和交通集团业务部门具体负责，抄送监察室。报备的主要内容包括交通集团批准的计划、实施内容、实施方式、实施时限、具体负责人、实施情况和实施结果。

第二章　管理权限及实施方式

第四条　非公开招标项目涉及一个单位的由本单位组织实施；涉及两个及两个以上单位的由交通集团业务主管部门提出意见，报分管领导同意后确定实施单位或由交通集团直接组织实施。

第五条 公路抢险保畅应急紧急救援工程，由交通集团业务部门、分管领导研究报主要领导审查后决定实施方式，工程实施期间由实施单位和归口业务主管部门提交交通集团招标领导小组会议补议、完善决策程序。属于技术难度特别复杂或具有涉密性质的非公开招标项目，由交通集团招标领导小组研究审定实施方式。

第六条 非公开招标项目的组织实施采用以下方式：

1. 邀请招标。指以投标邀请书的方式邀请3个及以上不特定的法人参加投标的方式。

2. 竞争性谈判。指通过与3个及以上法人或代理商分别进行谈判，确定合同条件和中标单位的方式。

3. 询价。指对3个及以上不特定的法人或代理商提供报价的价格进行比较，以确保价格具有竞争性的方式。

4. 单一来源采购。指从唯一供货商处采购，或者必须保证与原有已实施项目的一致性和配套性而从原有供货商处采购的方式。

第七条 符合下列条件之一的项目，可按邀请招标的方式进行：

1. 技术复杂或者有特殊要求；
2. 符合条件的潜在投标人数量有限；
3. 受自然地域环境限制；
4. 国家相关法规规定不宜公开招标；
5. 采用公开招标方式所需时间或费用占项目价值比例过大、不符合经济合理性要求；
6. 建设项目合同工程量清单中有暂定金额；
7. 其他适宜采用邀请招标方式的项目。

第八条 符合下列条件之一的项目，可采用竞争性谈判的方式进行：

1. 招标后没有投标人投标，或者参与投标人的产品、服务均不符合招标要求，或者不具备重新招标条件；
2. 技术复杂或者性质特殊，不能确定详细规格或者具体要求；
3. 不能事先计算出价格总额。

第九条 符合下列条件之一的项目，可采用询价的方式进行：

1. 已在主体工程中进行过公开招标的建设、养护项目，需进一步对成品、半成品招标采购；
2. 机械设备、实验仪器、公务车辆、办公设备等货物材料规格、标准统一，货源充足且价格变化幅度小；
3. 其他适宜采用询价方式的项目。

第十条 符合下列条件之一的项目，可采用单一来源采购的方式进行：

1. 只能从唯一供货商处采购；
2. 突发不可预见的紧急情况不能从其他供货商处采购；
3. 必须保证与原有项目一致性或者服务配套的要求，需要继续从原供货商处采购，且采购资金不超过原有项目金额百分之十。

第十一条 建设、养护、房建、机电、收费设施工程非公开招标项目，勘察、设计、监理、审计等服务一般采用邀请招标的方式；物资设备、办公用具、材料采购、设施租赁服务一般采用竞争性谈判、询价或单一来源采购的方式。除技术复杂或有特殊要求的项目外，原则上选择价格低的单位中标。

第三章 实施程序

第十二条 采取邀请招标方式的，应当从符合相应资格条件的潜在投标人中，择优选取3家以上的潜在投标人，并按照以下程序进行：

1. 编制招标文件。
2. 发出投标邀请。
3. 出售招标文件。
4. 投标预备会（答疑、踏勘现场）。
5. 递交投标文件。
6. 开标。
7. 评标（资格后审）。
8. 中标。
9. 合同签订。

第十三条 采用竞争性谈判方式进行的，应当遵循下列程序：

1. 成立谈判小组。谈判小组由负责组织实施非公开招标项目单位、部门的相关人员和纪检监察人员组成，必要时可聘请有关专家参与。

2. 制定谈判文件。谈判文件应明确谈判程序、谈判内容、合同草案的条款以及评定成交的标准等事项。

3. 确定邀请参加谈判的供货商名单。谈判小组从符合相应资格条件的供货商名单中确定不少于3家的供货商参加谈判，并向其提供谈判文件。

4. 谈判。谈判小组所有成员集中与单一供货商分别进行谈判，不允许个人单独私下洽谈。在谈判中，谈判双方均不得透漏与谈判有关的其他供货商的技术资料、报价或其他信息。谈判文件有实质性变动的，谈判小组应当以书面形式通知所有参加谈判的供货商。

5. 确定成交供货商。谈判结束后，谈判小组应当要求所有参加谈判的供货商在规定时间内进行最后报价。谈判小组根据供货商的报价、产品质量和售后服务承诺等条件择优选择，提交组织实施单位的招标领导小组会议研究，确定最终供货商。

第十四条 采取询价方式进行的，应当遵循下列程序：

1. 成立询价小组。询价小组由负责组织实施单位、部门选派2名以上熟悉相关业务的代表组成，必要时可聘请有关专家参与。询价小组应当对该项目的价格构成进行调查研究，对评定成交标准提出方案。

2. 确定被询价供货商的名单。询价小组根据项目需求，从符合相应资格条件的供货商中确定不少于3家的供货商,并向其发出询价通知书让其报价。

3. 询价。询价一般采用一次性报价,必要时经审批同意后,可采用二次报价。

4. 确定成交供货商。负责组织实施单位的招标领导小组根据符合项目需求、质量和售后服务相等且报价最低的原则集体研究确定成交供货商。

第十五条 采取单一来源采购方式进行的,应当遵循下列程序:

1. 负责组织实施的单位、部门选派2名以上熟悉相关业务的代表直接与唯一的供货商进行谈判,有必要时可聘请有关专家参与。

2. 根据谈判结果和唯一供货商提交的产品说明及服务承诺等书面材料,提交组织实施单位招标领导小组审定。

3. 负责组织实施单位的招标领导小组审定同意后,3个工作日内与供货商签订合同。

第十六条 凡属非公开招标项目的投标人或供货商均应为企业法人,同时应具备下列条件:

1. 具有独立承担民事责任的能力。

2. 具有良好的商业信誉和专业技术。

3. 在市场经营活动中没有重大违法违纪记录。

4. 法律、行政法规规定的其他条件。

第十七条 交通集团非公开招标项目的文件资料应妥善保存,不得伪造、变造、隐匿或者销毁。非公开招标项目档案资料包括计划立项文件、组织实施报备批准文件、招标(询价)文件、投标(报价)资料、评审资料、考察报告、会议研究审定记录、合同文本等。

第四章 监督检查

第十八条 非公开招标项目实施要主动接受纪检监察部门和业务主管部门的监督检查。监督检查的主要内容是:

1. 有关非公开招标项目的规章制度的执行情况。

2. 非公开招标项目的范围、方式和程序的执行情况。

3. 非公开招标项目的报批程序和备案情况。

4. 非公开招标项目的合同履约情况和资金管理使用情况。

5. 非公开招标项目的资料归档情况。

第十九条 非公开招标项目确定邀请单位、谈判单位、询价单位、单一来源采购单位,必须经过考察、酝酿、会议集体研究,最终合同签订单位应经本单位招标领导小组会议集体研究确定。

第二十条 参与非公开招标项目组织实施的工作人员应严格遵守相关法律法规和规章制度,严格执行保密制度,按照公平、公正、公开、择优原则组织实施。对各种滥用职权、营私舞弊的,严格按照交通集团有关规定进行党纪政纪处理。

第五章　附　　则

第二十一条　本暂行办法适用于交通集团所属各单位。

第二十二条　交通集团所属各单位可根据本办法制定具体实施细则。

第二十三条　本办法由交通集团负责解释。

第二十四条　本办法自发布之日起施行。

招标工作监督办法

第一章　总　　则

第一条　为进一步规范陕西省交通建设集团公司（以下简称“交通集团”）招标工作管理，加强招标工作全过程监督，根据《中华人民共和国招标投标法》及相关法律、法规和省交通厅有关规定，结合交通集团工作实际，制定本办法。

第二条　本办法适用于交通集团及所属各单位负责的建设工程、养护工程、大宗设备材料采购及其他需要招标确定的事项和参与招标的工作人员。所称招标单位是指以交通集团名义具体负责组织招标工作的部门、运营单位和项目管理执行机构。

第三条　交通集团负责组织招标的部门、执行机构及工作人员要严格遵守国家有关法律、法规、规章、规定和交通集团制定的有关招标办法和招标规则，自觉接受监督部门和监督人员的监督。

第四条　本办法所称监督部门是指交通集团监察室和交通集团所属单位监察室，所称监督人员是指交通集团监察室和交通集团所属单位监察室指派参与招标工作监督的人员。

第二章　监督职责与监督方式

第五条　交通集团监察室具体负责以交通集团名义进行的招标项目的监督；交通集团所属运营管理单位、建设管理处内设纪检监察机构或派驻专职纪检监察员负责本单位招标工作的监督，并按有关规定向交通集团监察室报告、报备。

第六条　监督工作要按照管理、监督、服务相一致的原则，切实履行对招标工作全过程、全方位的监督。主要职责是：

1. 监督招标单位、执行机构及其工作人员贯彻落实国家有关招标工作的法律、法规、规章和其他相关规定的执行情况。

2. 监督工作人员在招标工作过程中遵纪守法的情况。

3. 依法受理与招标项目有利害关系的投诉举报，查处招标工作中的违规违纪问题。

4. 协助上级纪检监察机关查处招标工作中的违规违纪问题。

第七条　招标工作的监督方式：

1. 现场监督：主要指监督人员通过参与资格预审、限价审定、技术复杂系数确定、开标、清标、专家抽取、评标、定标及发出中标通知书之前所有招标活动的监督。

2. 备案监督：通过要求招标单位按规定向纪检监察部门提供有关招标工作的书面报告进行备案监督。

3. 社会监督：通过受理有关投诉举报进行检查、调查监督。

第三章　监督内容与监督重点

第八条　公开招标监督的内容：

1. 发布资格预审或招标公告。

2. 发售资格预审文件及接收资格预审申请文件。

3. 发售招标文件及接收投标文件。

4. 标底编制或限价审定。

5. 技术复杂系数的确定。

6. 开标、清标、抽取专家、评标、定标、澄清各环节。

7. 合同签订。

第九条　公开招标的监督重点：

1. 发布资格预审公告及接收资格预审文件过程的监督。

(1)资格预审公告在指定的媒体上发布，出售资格预审文件天数符合法定的工作日。

(2)给申请人资格预审申请文件的编制时间符合法定的工作日，补遗书在资格预审文件规定递交日期前发出。

(3)按规定时间、地点终止资格预审文件的接收，资格预审文件的接收由2名以上工作人员负责。

(4)资格预审文件按规定要求密封。

2. 发布招标公告及接收投标文件过程监督。

(1)招标公告(资格后审)在指定的媒体上发布，出售招标文件天数符合法定的工作日。

(2)给潜在投标人编制招标文件的时间符合法定的工作日，补遗书在招标文件规定递交日期前发出。

3. 编制标底、限价和确定技术复杂系数的监督。

(1)招标单位可根据项目特点决定是否编制标底，需要编制标底的，必须在全封闭的情况下进行编制，做到信息严格保密，在开标会议上当场公布，标底编制人员在开标会议开始后方可离开规定的地点。

(2)技术复杂系数(如有)的确定，在开标会议前由交通集团招标领导小组研究确定，在开标会议上当场公布。

4. 开标过程的监督。

(1)按规定的投标截止时间终止投标文件的接收，接收的投标文件密封完好。

(2)严格按照招标文件或补遗书规定的时间、地点开标。

(3)开标前,当场公布技术复杂系数(如有)。

(4)开标时,随机抽取投标人代表检查投标文件的密封情况。

(5)允许投标人当场提出异议。

(6)对不符合要求的投标文件当场进行查封或会后退还。

(7)开标结束后,监督人员现场宣布开标过程是否合法、有效。

5. 清标工作的监督。

(1)清标工作人员选派熟悉招标工作、综合素质高的人员组成。

(2)清标工作人员实行回避制度。

(3)清标工作人员坚持客观、公正、全面、准确的原则对招标(资审)文件的分项内容进行实事求是的摘录,做到不议论、不讨论、不评价。

(4)清标工作人员应严格遵守招标工作纪律和保密规定。

6. 专家抽取的监督。

(1)以正式文件向省交通厅或省公路局报告,按规定从交通运输部、省交通厅、省公路局公路工程专家库随机抽取。

(2)交通集团招标项目的专家抽取,招标单位应提出书面申请,实行随机抽取。抽取过程专家编号与实名分离,严格专家名单的保密制度。

(3)专家抽取应符合所需专业要求,严格执行一个单位只能抽取一名专家的规定。

(4)省内抽取的专家实行当天抽取、当天统一集中的规定。

7. 评标工作的监督。

(1)评标工作在环境封闭、严格保密的情况下进行。

(2)评标委员会依法组建成立。

(3)评标工作严格执行"先定标准后评审"的原则。

(4)任何单位或个人不得非法干预、影响评标过程和评标结果。

8. 定标工作的监督。

交通集团招标领导小组按照评标专家委员会推荐的中标候选人范围和顺序依法审查、确定中标人。

第十条　大宗设备采购的监督重点:

1. 大宗设备采购应严格遵照交通集团年度计划或立项文件执行。

2. 大宗设备采购方式确定、采购程序、合同签订符合有关法律规定和交通集团有关制度要求。

3. 大宗设备采购应坚持公开、公平、公正和诚实信用的原则,严格执行集体研究和报批、报备制度。

第十一条　询价招标工作的监督重点:

1. 询价招标项目经过有关会议集体研究或主管单位(部门)审批。

2. 询价招标项目符合法律规定及程序要求。

3. 被询价单位应具备相应的资质和条件,经有关会议研究确定。

4. 询价单位的数量符合有关规定。

5. 询价招标应严格遵守有关法律规定。

第十二条 邀请招标工作的监督重点：

1. 邀请招标项目经过相关会议研究或主管单位（部门）审批。

2. 邀请招标项目符合法律规定及程序要求。

3. 被邀请单位应具备相应的资质和条件，经有关会议研究确定。

4. 邀请单位的数量符合邀请招标规定。

5. 邀请招标评标环节严格遵守有关法律规定。

第十三条 招标单位应在评标工作结束后，将评标报告向监督部门备案。

第十四条 监督人员对招标、评标各个环节的监督工作做详细的工作记录。

第四章 工 作 纪 律

第十五条 对招标工作中发现的问题和投诉举报反映的问题，监督部门可以根据工作需要，组织建设、养护、财务、审计等部门组成调查小组进行调查。招标单位应如实向调查小组提供有关文件资料，报告招标过程的重大事项，不得拒绝、隐匿、伪报。

第十六条 对招标单位在招标过程中违反国家法律法规和上级行政主管部门有关规定的招标行为，监督部门或监督人员要及时制止，提出纠正意见。对情节严重、造成不良后果需要追究相关单位和个人责任的，纪检监察部门应按照职责权限予以追究。对于需要上级纪检监察部门协助查处的，由交通集团纪检监察部门提出申请。

第十七条 对评标专家及工作人员违反评标纪律规定的行为，要及时制止、提出批评；对徇私舞弊、收受钱物、弄虚作假的行为，监督人员要及时向主管部门报告，提出处理建议。

第十八条 对投标人采取商业贿赂等不正当手段中标的行为，一经查实，建议有关单位取消其中标资格，终止履行合同，并按规定对有关人员提出处理意见和建议。

第十九条 监督人员未履行或未正确履行监督职责，对招标过程中的违纪违规问题不及时指出和制止，或者参与违纪违规活动的，一经发现，予以严肃处理。

第五章 附 则

第二十条 本办法由交通集团负责解释。

第二十一条 本办法自印发之日起施行。

附件一：陕西省交通建设集团公司招标工作人员纪律

附件二：陕西省交通建设集团公司工程项目清标人员回避确认表

附件三：陕西省交通建设集团公司工程项目招标监督工作记录

附件四：陕西省交通建设集团公司工程项目评标专家抽取申请表

附件五：陕西省交通建设集团公司工程项目评标专家抽取结果表

附件六：陕西省交通建设集团公司工程项目评标专家回避确认表

附件一：

陕西省交通建设集团公司招标工作人员纪律

1. 所有工作人员要严格遵守职业道德，树立高度的保密观念，服从组织安排，认真履行职责。

2. 清标、资格预审评审和评标期间实行封闭式管理，工作人员的通信工具交由监督人员统一保管，严禁私自外出及与外界联系。

3. 不得对外透漏评标的日程、地点、评标专家和工作人员及与评标有关的任何信息。

4. 凡涉及评审内容的各种文件、资料、表格要严格管理，个人使用的计算机禁止连接互联网，工作结束后，个人计算机上有关评标信息必须集中删除。

5. 清标摘录工作必须实事求是、坚持原则，工作人员对个人摘录结果签字确认，承担个人责任。

6. 不得影响专家公正评审。

7. 清标工作过程中的工作汇报必须经过领导同意，有监督人员陪同。

附件二：

陕西省交通建设集团公司工程项目
清标人员回避确认表

项目业务管理部门：　　　　　　　　　　　　　　　　　　序号：

姓　名	单位/部门	联系电话	签名(不需回避)
备注	下列人员应当回避： 1. 与投标人(资格审查申请人)法定代表人或者授权代理人有近亲属关系的人员； 2. 与投标人(资格审查申请人)有利害关系的，可能影响公正评标的人员； 3. 在与招标投标有关的活动中有过违法违规行为、曾受过党纪或政纪处分的人员		

清标工作负责人：　　　　　　　　　　　　　　　　　　监督人：

附件三：

陕西省交通建设集团公司工程项目
招标监督工作记录

项目业务管理部门：　　　　　　　　　　　　　　　　　　　　序号：

项目名称	
项目法人	
招标方式	
招标实施单位	
招标负责人	
资格预审文件公告、购买、接收情况	
资格预审评审时间、地点、评审委员会及评审情况	

续上表

招标文件公告、 购买、接收情况	
开标时间、地点 及开标情况	
评标时间、地点、 评审委员会 及评审情况	
交通集团招标 领导小组定标情况	

续上表

监 督 纪 事
招标工作负责人：　　　　　　　　　　监督人：

附件四：

陕西省交通建设集团公司工程项目
评标专家抽取申请表

项目业务管理部门：　　　　　　　　　　　　　　　　　　序号：

<table>
<tr><td>项目名称</td><td colspan="6"></td></tr>
<tr><td>项目法人</td><td colspan="6"></td></tr>
<tr><td>抽取时间</td><td colspan="6"></td></tr>
<tr><td rowspan="5">申请专家人数
（随机编号）</td><td>编号</td><td></td><td></td><td></td><td></td><td></td></tr>
<tr><td>编号</td><td></td><td></td><td></td><td></td><td></td></tr>
<tr><td>编号</td><td></td><td></td><td></td><td></td><td></td></tr>
<tr><td>编号</td><td></td><td></td><td></td><td></td><td></td></tr>
<tr><td>编号</td><td></td><td></td><td></td><td></td><td></td></tr>
<tr><td rowspan="2">申请人
（抽取人）</td><td>姓　名</td><td colspan="3">工作单位</td><td>职务/职称</td><td>联系电话</td></tr>
<tr><td></td><td colspan="3"></td><td></td><td></td></tr>
<tr><td rowspan="2">监督人</td><td></td><td colspan="3"></td><td></td><td></td></tr>
<tr><td></td><td colspan="3"></td><td></td><td></td></tr>
<tr><td rowspan="2">专家库管理员</td><td></td><td colspan="3" rowspan="2"></td><td rowspan="2"></td><td rowspan="2"></td></tr>
<tr><td></td></tr>
</table>

注：本表原件由监督单位留存，复印件由招标单位留存。

附件五：

陕西省交通建设集团公司工程项目
评标专家抽取结果表

项目业务管理部门： 序号：

<table>
<tr><td>项目名称</td><td colspan="5"></td></tr>
<tr><td>项目法人</td><td colspan="5"></td></tr>
<tr><td rowspan="5">专家抽取结果</td><td>姓　名</td><td>编号</td><td>工作单位</td><td>专 业</td><td>联系电话</td></tr>
<tr><td></td><td></td><td></td><td></td><td></td></tr>
<tr><td></td><td></td><td></td><td></td><td></td></tr>
<tr><td></td><td></td><td></td><td></td><td></td></tr>
<tr><td></td><td></td><td></td><td></td><td></td></tr>
<tr><td rowspan="2">抽取人员</td><td>姓　名</td><td colspan="3">工作单位</td><td>备　注</td></tr>
<tr><td></td><td colspan="3"></td><td></td></tr>
<tr><td rowspan="3">监督人员</td><td></td><td colspan="3"></td><td></td></tr>
<tr><td></td><td colspan="3"></td><td></td></tr>
<tr><td></td><td colspan="3"></td><td></td></tr>
<tr><td rowspan="2">专家库管理员</td><td></td><td colspan="3"></td><td></td></tr>
<tr><td></td><td colspan="3"></td><td></td></tr>
</table>

注：本表由监督人员负责留存，复印件在评标结束后由招标单位留存。

附件六：

陕西省交通建设集团公司工程项目
评标专家回避确认表

项目业务管理部门：　　　　　　　　　　　　　　　　　　　　　　　序号：

项目名称			
项目法人			
时　　间			
姓　名	工 作 单 位	联系电话	签名(不需回避)
评标专家			
监督人员			
备注			

注：本表由监督人员负责留存，复印件在评标结束后由招标单位留存。

第四部分　建 设 管 理

公路工程设计变更管理实施细则

第一章　总　　则

第一条　为加强对陕西省交通建设集团公司(以下简称“交通集团”)所属建设项目实施过程中设计变更的有效管理,严格控制建设规模、标准及投资,保证工程质量、进度及安全,依据交通部《公路工程设计变更管理办法》(交通部令2005年第5号)、陕西省交通厅《关于严格执行交通部〈公路工程设计变更管理办法〉的通知》(陕交发[2006]181号)和《关于加快公路建设期间提高工程变更设计审查和审批及招投标工作效率等有关问题的通知》(陕交函[2008]1065号)文件精神,结合交通集团的实际情况,制定本细则。

第二条　本细则适用于由交通集团负责建设的新建、改(扩)建公路工程。

第三条　在建设项目的管理过程中,必须维持设计文件的严肃性,各建设项目管理处均应严格控制设计变更,不得随意扩大或缩小建设规模,提高或降低建设标准。

第四条　本细则所称设计变更,是指自公路工程初步设计批准之日起至通过竣工验收正式交付使用之日止,对已批准的初步设计文件、技术设计文件或施工图设计文件进行的修改、完善等活动。

第五条　设计变更应以优化、完善原设计为前提,以提高设计质量、节省建设资金、节约资源、方便施工、有利环保、利于安全运营为目标,必须符合国家有关公路工程强制性标准和技术规范的要求,符合公路工程质量和使用功能的要求,符合环境保护的要求,符合现场地质、水文、材料的实际情况。

第六条　设计变更条件:

1. 原设计不合理、不完善,不能满足使用功能。

2. 由于地形、地质条件发生变化,按原设计难以施工。

3. 颁布新标准、规范、规程后确需变更设计。

4. 由于建设环境等原因,确需进行设计变更,更好地适应社会、经济及环境的要求。

5. 设计变更后,确能有效地保证或提高工程质量,加快工程进度,缩短工期,降低工程造价或节约其他资源。

6. 不可抗拒的自然灾害发生。

第七条　设计变更应以分项工程为单元进行,并归属到各个分部工程;若某项设计变更跨越不同的分部工程,应以分部工程为单元分别下达变更令。

第八条　任何工程的设计变更,一般只能变更一次,无特殊原因不得进行多次变更,也不得将大的变更分解为多个小变更规避审批。

第二章　设计变更的分类

第九条　公路工程设计变更分为重大设计变更、较大设计变更和一般设计变更。

第十条　有下列情形之一的属于重大设计变更：

1. 连续长度10km以上路线方案调整；
2. 特大桥的数量或结构形式发生变化；
3. 特长隧道的数量或通风方案发生变化；
4. 互通式立交的数量发生变化；
5. 收费方式及站点位置、规模发生变化；
6. 超过初步设计批准概算。

第十一条　有下列情形之一的属于较大设计变更：

1. 连续长度2km以上路线方案调整；
2. 连接线的标准和规模发生变化；
3. 特殊不良地质路段处置方案发生变化；
4. 路面结构类型、宽度和厚度发生变化；
5. 大中桥的数量或结构形式发生变化；
6. 隧道的数量或方案发生变化；
7. 互通式立交的位置或方案发生变化；
8. 分离式立交的数量发生变化；
9. 监控、通信系统总体方案发生变化；
10. 管理、养护和服务设施的数量和规模发生变化；
11. 单项工程费用变化超过500万元；
12. 超过施工图设计批准预算。

第十二条　一般设计变更是指除重大设计变更和较大设计变更以外的其他设计变更。

第三章　重大及较大设计变更的处理

第十三条　公路工程设计变更实行审批制，未经审查批准的设计变更不得实施。任何单位或者个人不得违反本细则规定，擅自变更已经批准的公路工程设计文件。

第十四条　重大及较大设计变更由建设项目管理处书面申请，交通集团组织勘察设计、施工、监理等单位及有关专家进行技术、经济论证，必要时邀请省交通厅有关领导和人员参加。建设项目管理处根据论证结果组织相关材料，经交通集团审查后上报省交通厅审批。

重大设计变更和较大设计变更应提交以下材料：

1. 重大、较大设计变更申报审批表(附件一),包括拟变更设计的公路工程名称、基本情况、设计变更的类别、主要内容及主要理由等。

2. 设计变更申请的调查核实情况、合理性论证情况。

3. 估算费用增减情况。

第十五条　在重大和较大设计变更中,可对地质情况特别复杂的抢险工程、隧道工程等需要预先实施地表或地质揭示的结构工程实施动态设计。

第四章　一般设计变更的职责和权限

第十六条　建设项目管理处的主要职责和权限:

1. 审查或审批监理部门上报的设计变更方案及工程数量,并对所有设计变更引起工程数量增减的准确性负责。

2. 设计变更过程中,建设项目管理处可对一次性费用变化不大于300万元的设计变更予以批复,费用大于50万元的设计变更报交通集团核备。

3. 对纳入施工图批复的优化设计引起的新增工程细目单价进行审查,费用变化不大于100万元的予以审批。

4. 边坡、桥梁、隧道等施工中的大型不良地质整治工程,特大桥、大桥桥型变化,路面结构类型发生变化,大型滑坡治理,附属设施中的服务区、房建、收费站、机电、交通安全设施等设计变更,一些重要项目的绿化,隧道洞门以及隧道、跨线桥装修等设计变更,无论单项变更费用多少,建设项目管理处负责组织材料上报交通集团。

5. 对设计变更施工图预算或新增单价预算中原材料单价、运距、施工工艺及现场特殊情况进行调查确认。

6. 严格控制变更费用,各合同段审批的设计变更总额应控制在该合同段的暂定金额之内,超过此范围的所有设计变更,无论金额大小,均须上报交通集团。

7. 建立“公路工程设计变更台账”,及时对已审批设计变更情况进行汇总,每月25日前将汇总情况上报交通集团。

8. 建立工程设计变更动态监控制度,要求各建设项目管理处会同设计、监理、施工单位及地方协调部门,每月至少召开一次设计变更通报会,对本月由于各种原因引起的工程设计变更情况、已实施设计变更的进展情况、未完善手续的设计变更的处理情况、已正式审批的设计变更计量支付及资金兑付情况予以通报,每月汇总后正式上报交通集团。必要时采取“一厅式”办公,简化办事环节,提高审批效率,加快工程建设。

第十七条　交通集团的主要职责和权限:

1. 对高速公路填料变化、边坡及桥头防护、桥改路、路改桥、排水工程、地质不良路段的路基处理等局部路线方案进行调整,审批单点工程设计变更金额超过300万元的一次性设计变更,并报省交通厅备案。

2. 审批管理处上报的费用变化小于500万元的一次性设计变更。

3. 对纳入施工图批复的优化设计引起的新增工程细目单价进行审查批复,费用变化不大于100万元的予以审批。

4. 组织超出管理处权限的设计变更方案的论证、审查和上报工作。

5. 负责印发省交通厅或交通集团提出的自上而下的设计变更。

6. 根据各项目每月上报的设计变更动态情况汇总及台账，不定期安排对建设项目设计变更执行情况进行督察检查。对设计变更批复不及时影响正常计量支付工作，甚至影响到工程正常进展的建设项目将予以通报批评。

第五章　一般设计变更方案的处理

第十八条　管理处对一般设计变更方案的处理：

1. 承包人提出的设计变更，首先将设计变更意向表（附件二）报各级监理审查，将审查意见报管理处。管理处接到设计变更意向表后，组织设计、监理及施工单位进行现场考察，必要时邀请专家论证，形成现场考察备忘录（附件三），按设计单位提供或认可的施工图实施。

2. 当地群众提出增减涵洞、通道以及排水设施时，应由县级地方政府征迁及建设环境保障部门向管理处递交书面申请，经双方会同设计、施工以及监理单位现场论证，形成现场考察备忘录（附件三），按设计单位提供或认可的施工图实施。

3. 建设管理单位提出的设计变更，由管理处会同设计、施工及监理单位现场论证，形成现场考察备忘录（附件三），按设计单位提供或认可的施工图实施。

4. 设计单位提出的设计变更，由管理处批准后下达实施。

5. 对设计变更内容或估算费用超出管理处权限的一般设计变更，管理处应提前预报，在变更前应向交通集团业务主管部汇报具体情况，并做好现场审查的准备工作。

6. 管理处在上报设计变更方案时应注意时效性，对现场办公形式确定的设计变更，先行施工的同时应及时完善各项申报审批手续。在确定方案后3天内，管理处应以设计变更方案审批表（附件四）的形式，将经现场审查确定的设计变更方案上报交通集团，明确说明设计变更的原因、内容、估算费用等情况，以待审批。对未经交通集团组织现场审查确定方案的超权限设计变更，不能进行实施。

第十九条　交通集团对一般设计变更方案的处理：

1. 在接到管理处汇报设计变更方案3天内，组织设计、监理、施工单位及有关专家赴现场查看或审查，通过技术、经济论证，采用现场审核或会议纪要的方式确定设计变更方案，先行施工再办理审批手续。

2. 对管理处上报的一般设计变更方案，根据现场审查论证结果或会议纪要内容，予以审批。对未经交通集团组织现场审查确定方案就已实施的设计变更，按照“谁同意谁负责”的原则，交通集团不再受理。

第二十条　一般设计变更的勘察设计应由原勘察设计单位承担，特殊情况交通集团也可以选择其他具有相应资质的勘察设计单位承担。设计变更勘察设计单位应当及时完成勘察设计，形成设计变更文件（含预算文件），并对设计变更文件承担相应责任。

第六章 一般设计变更费用的申报与审批

第二十一条 管理处对一般设计变更的申报与审批:

1. 管理处对权限范围内的设计变更,直接批复并按规定程序计量支付。

2. 对超出权限的设计变更,管理处应依据批复的方案,在14天内将工程数量及费用增减情况以文件形式正式上报交通集团,文件中应附有:

(1)一般设计变更申报审批表(附件五);

(2)管理处设计变更审核表;

(3)设计变更工程量清单;

(4)设计变更令、会议纪要或设计变更通知单;

(5)原设计图及设计单位提交的正式设计变更图纸;

(6)设计变更施工图预算或设计变更新增单价预算分析及其电子版,预算分析应包括预算编制说明,分项工程预算表,人工、材料、机械单价汇总表,综合费率计算表等。

第二十二条 交通集团对一般设计变更的审批:

1. 对各管理处上报的正式设计变更文件,交通集团建设管理部从程序的完善性、资料的完整性及费用的合理性等方面提出具体审查意见,并随机抽查工程数量增减准确性,经交通集团计划、财务、审计等部室审查会签后,报送分管领导审查。

2. 设计变更的审批需经交通集团专项会议研究,根据会议精神,由相应领导审签后予以批复。

第二十三条 设计变更工程细目单价确定原则:

1. 合同工程量清单中有相应细目单价的,直接套用合同单价。

2. 合同工程量清单中没有相应细目单价,但有工作内容、性质相似的细目单价的,可在相似(相近)工程量清单细目单价的基础上,通过调整材料用量予以确定。

3. 合同工期以外的新增设计变更工程,按照重新编制的预算单价,根据中标水平下浮一定比例执行。

4. 当设计变更后的工程性质发生较大变化,合同中无同类工程的单价可以套用时,应依据交通运输部及省交通厅现行概预算编制办法提出预算单价。新增细目单价需通过编制预算确定时,预算中原材料单价应采用施工过程中省交通厅定额站公布的市场信息价。

5. 编制单价的依据。

(1)交通运输部现行的《公路工程预算定额》、《公路工程基本建设项目概算预算编制办法》和陕西省相应的《补充定额》。

(2)陕西省其他行业预算定额及相应的编制办法。

(3)工程所在地价格水平(参照陕西省定额站发布的"价格信息")。

6. 交通集团对变更新增单价的审批,将根据委托第三方审查单位对管理处上报预算单价的初步审查意见,结合各项目实际情况并考虑承包人中标水平确定。

7. 如果变更工程的单价一时不能确定,管理处可采用暂定单价作为暂付款列入中期支付中,待单价审批后在支付报表中作一次性调整,单价只能批复一次。

第七章 罚　　则

第二十四条 设计变更审批违反本细则规定,不按照规定权限、条件和程序审批公路工程设计变更文件的,交通集团责令改正;造成严重后果的,对直接负责的主管人员和其他直接责任人员依规给予行政处分。

第二十五条 交通集团各级工作人员在设计变更审批过程中滥用职权、玩忽职守、牟取不正当利益的,由交通集团给予行政处分;构成犯罪的,依法追究刑事责任。

第二十六条 建设项目管理处有以下行为之一的,交通集团责令改正,若整改不力,则建设项目管理处的季度、半年和年终目标考核成绩降等次:

1. 不按照规定时间、权限、条件和程序审查报批公路工程设计变更文件;
2. 将公路工程设计变更肢解,规避审批;
3. 未经审查批准,擅自实施设计变更;
4. 对设计变更把关不严,费用控制不力,致使项目严重超概。

第二十七条 施工单位不按照批准的设计变更文件施工的,建设项目管理处责令改正;造成公路工程质量不符合规定质量标准的,负责返工、修复,并赔偿由此造成的一切损失。

第八章 附　　则

第二十八条 设计变更工程的施工原则上由原施工单位承担,原施工单位不具备承担设计变更工程的施工资质时,应通过招标和有关规定选择施工单位;单项工程设计变更费用大于该施工单位合同清单报价的10%时,可通过招标和有关规定选择施工单位。

第二十九条 由于公路工程勘察设计、施工等有关单位的过失引起公路工程设计变更并造成损失的,相关单位应承担相应的费用和责任。

第三十条 对于在保证工程质量的同时,能加快工程建设进度、节约工程建设成本的设计变更,本着“谁提出谁受奖”的原则,对提出设计变更的单位予以奖励,具体奖励金额由建设项目管理处提出,报交通集团研究审批。

第三十一条 按照本细则规定经过审查批准的公路工程设计变更,其费用变化在招标节余或不可预见费中列支并纳入决算。

第三十二条 本细则由交通集团负责解释,自下发之日起实施。

附件一:重大、较大设计变更申报审批表

附件二:设计变更意向表

附件三:设计变更方案现场考察备忘录

附件四:设计变更方案审批表

附件五:一般设计变更申报审批表

附件一：

重大、较大设计变更申报审批表

总编号：

<table>
<tr><td>项目名称及合同段</td><td></td></tr>
<tr><td>施工单位</td><td></td></tr>
<tr><td>监理单位</td><td></td></tr>
<tr><td>设计单位</td><td></td></tr>
<tr><td>设计变更申报单位(管理处)</td><td></td></tr>
<tr><td>设计变更工程名称</td><td></td></tr>
<tr><td>设计变更桩号及位置</td><td></td></tr>
<tr><td colspan="2">主要变更内容：
主要变更原因：
主要工程量增减：
主要费用增减：</td></tr>
<tr><td colspan="2">建设管理处审查意见：

签字(盖公章)：
日期：</td></tr>
<tr><td colspan="2">交通集团审查意见：

签字(盖公章)：
日期：</td></tr>
<tr><td colspan="2">省交通厅审批(查)意见：

签字(盖公章)：
日期：</td></tr>
</table>

注：总编号应含项目名称、道路等级、年号及总序号。如：XK－GS2008001 表示小康高速公路 2008 年第 001 号设计变更申报审批表。

附件二：

设计变更意向表

合同段：　　　　　　　　　　　　　　　　　　　　　　　　　　　　年　　月　　日

<table>
<tr><td colspan="2">工程名称：</td></tr>
<tr><td colspan="2">申请变更桩号及位置：</td></tr>
<tr><td colspan="2">申请变更理由：</td></tr>
<tr><td colspan="2">申请变更方案：</td></tr>
<tr><td>承包人：

年　　月　　日</td><td>高驻办：

年　　月　　日</td></tr>
</table>

附件三：

设计变更方案现场考察备忘录

合同段：　　　　　　　　　　　　编号：　　　　　　　　　　年　　月　　日

<table>
<tr><td>工程名称</td><td></td></tr>
<tr><td>设计变更桩号及位置</td><td></td></tr>
<tr><td colspan="2">主要变更原因：</td></tr>
<tr><td colspan="2">主要变更内容：</td></tr>
<tr><td>设计代表(签名)：

年　　月　　日</td><td>地方政府(签名)：

年　　月　　日</td></tr>
<tr><td>总监理工程师(签名)：

年　　月　　日</td><td>管理处(签名)：

年　　月　　日</td></tr>
</table>

附件四：

设计变更方案审批表

编号：

<table>
<tr><td>工程名称及合同号</td><td></td></tr>
<tr><td>施工单位</td><td></td></tr>
<tr><td>监理单位</td><td></td></tr>
<tr><td>设计单位</td><td></td></tr>
<tr><td>设计变更申报单位(管理处)</td><td></td></tr>
<tr><td>设计变更工程名称</td><td></td></tr>
<tr><td>设计变更桩号及位置</td><td></td></tr>
<tr><td colspan="2">主要变更内容：
主要变更原因：
主要工程量增减：
主要费用增减：</td></tr>
<tr><td colspan="2">建设管理处意见：

签字(盖公章)：
日期：</td></tr>
<tr><td colspan="2">交通集团意见：

签字(盖公章)：
日期：</td></tr>
</table>

注：编号应含项目名称、年号及总序号。如：XK－2008001 表示小康高速公路 2008 年第 001 号设计变更方案审批表。

附件五：

一般设计变更申报审批表

总编号：

<table>
<tr><td>项目名称及合同号</td><td></td></tr>
<tr><td>施工单位</td><td></td></tr>
<tr><td>监理单位</td><td></td></tr>
<tr><td>设计单位</td><td></td></tr>
<tr><td>设计变更申报单位（管理处）</td><td></td></tr>
<tr><td>设计变更工程名称</td><td></td></tr>
<tr><td>设计变更桩号及位置</td><td></td></tr>
<tr><td colspan="2">主要变更内容：
主要变更原因：
主要工程量增减：
主要费用增减：</td></tr>
<tr><td colspan="2">建设管理处审查意见：

签字（盖公章）：
日期：</td></tr>
<tr><td colspan="2">交通集团审查意见：

签字（盖公章）：
日期：</td></tr>
</table>

注：总编号应含项目名称、道路等级、年号及总序号。如：XK－GS2008001 表示小康高速公路 2008 年第 001 号设计变更申报审批表。

关于加强高速公路建设项目施工精细化管理的指导意见

为了进一步加强交通集团高速公路精细化施工管理，全面实施规范化、标准化的工程管理，树立工程建设精品意识，提升高速公路建设施工水平和工程质量，根据陕西省交通运输厅关于印发《陕西省公路建设工程质量工作要点》（[2009]99号）及《陕西省高速公路施工标准工艺（第一批）》（[2009]120号）文件要求，在总结以往高速公路建设管理经验的基础上，深入分析了当前高速公路建设的现状，结合交通集团高速公路建设的实际，特制定本指导意见。

一、建设管理方面

1. 各建设管理处应积极推行精细化管理，严格执行《陕西省公路建设工程质量工作要点》、《陕西省高速公路施工标准工艺（第一批）》，规范施工程序，标准施工工艺，强化质量监控，狠抓弱项指标管理，加强安全、文明生产管理，以全面提高建设品质。

2. 各建设管理处要加强设计工作的精细化管理；要在建设过程中全面贯彻动态设计理念，使设计符合工程实际；要从落实设计审查意见、设计现场核查入手，加强中间审查和验收环节管理，多层次、多环节消除设计差、错、漏，确保设计精细化，获取精品设计，特别是要加强对影响结构安全和运营安全的长大纵坡、桥梁岸坡、路基高边坡的稳定性进行核查。在初步设计阶段，要增加公路桥梁和隧道工程安全风险评估设计内容，确保设计安全。同时要对隧道洞门、隧道装修、房建工程、绿化工程、隧道照明等附属工程设计进行专项评审，确保设计和自然融合，从而提高项目整体建设品质。

3. 各建设管理处要重视施工作业指导书的制定和落实工作，对路面、特殊桥梁、长大隧道、特殊地质路段治理，或特殊的、新的工序、工艺和施工方法以及容易出现质量问题的工程，应制定有针对性的、详细的、操作性强的施工作业（技术）指导书，并技术交底至每一个操作人员，确保通过工作人员的工作质量保证工艺质量，通过工艺质量保证工序质量，通过工序质量保证工程质量。

4. 各建设管理处要加大对高填方路基沉陷、桥面沥青铺装层早期破损、路面车辙及早期破损、桥头跳车、小桥涵结构外观质量差、隧道二衬渗漏水等工程实体质量通病的治理；加大对高填方、填石、土石混填路基填筑、沟壑填筑、填挖交界处处理、预应力张拉与压浆、路面结构层间污染、桥面系混凝土施工等工艺质量通病的治理，要全过程细化目标，严格措施，严格监管，责任到人。在施工图设计中，要有预防或处理措施。在建设过程中，要严格执行设计要求和施工规范，以彻底消除质量通病，促进工程质量稳步提升。

5. 各建设管理处要充分考虑现场施工的各个工序环节、生产步骤、转化时间以及对质量的影响因素，编制科学的施工组织设计，均衡安排生产，确保各项工程在其最佳季节和最佳时段完成。

6. 各建设管理处要加强对重要的单项工程和重要部位的管理；要加强首件工程认可制管理，只有通过首件工程认可后，才能正式作业；要加强工序交验管理，只有本工序通过验收，才能进入下一道工序作业。

7. 各建设管理处要加强对关键部位的监控、检测管理。对桥梁桩基无破损检测、桥梁荷载试验、隧道初期支护及二衬雷达检测、桥梁支座检测等实施准入制度，确保检测单位独立工作，检测结果科学公正。

8. 各建设管理处要加强对重要原材料或弱项原材料的管理，要对水泥、钢筋、橡胶支座、锚具、伸缩缝、土工布等实行审查准入制度，可由各施工单位初选推荐 3 ~ 5 个品牌，然后由建设管理处和监理单位共同对推荐的厂家进行核查评审，向全线施工单位推荐评审品牌，评审品牌原则上不少于 5 个。各施工单位可在推荐评审品牌范围内自主选择。

9. 各建设管理处要加强工程试验检测管理，凡承担公路工程试验检测的工地试验室，必须根据其受权范围开展工作。工地试验室的工程试验检测设备要按规定及时标定，所有试验检测原始数据和原始资料应记录详细、真实可靠，并统一编号、分类、归档。

10. 各建设管理处要根据《陕西省公路建设文明工地标准》，结合项目自身特点制定具体的创建标准，要按照工厂化的模式高标准建设梁场和便道，全线纵向便道要拉通，确保雨天不泥泞，晴天不扬尘，高点起步，做好文明工地建设。

二、路基及绿化工程

1. 在桥路、路隧相接段，合理安排工序，处理好路基和隧道的施工关系，尽可能通过优化工序使路基工程尽早施工，桥台、隧道洞口紧随其后施工，以减少断点并使路基有较长沉陷周期。

2. 各建设管理处要加强路基的防护和排水系统的优化工作，加强对高边坡稳定性的监测，确保主体工程安全。在路基上边坡的施工过程中，要注意防护工程与周边坡体和环境的顺接、协调和美观。

3. 挖方边坡开挖工艺应按照自上而下、边挖边护的工序组织施工，坚决禁止野蛮开挖造成边坡大面积垮塌现象。要及时做好路基临时排水设施，形成临时整体排水系统，防止雨水冲刷坡面。截水沟、急流槽、排水沟的排水要采用高接远送的方式，把排水送到路基边坡和桥梁锥坡坡脚范围以外。

4. 路基涵洞的设置位置以及断面的大小要根据实际地形和汇水面积综合设置。在涵洞的入口可以做一些消力池或者淤积坝等消能工程，防止大量排水直接冲刷路堤。挖方段路基盲沟要结合实际地形，确定盲沟深度、走向及纵坡，确保排水畅通。

5. "三背回填"施工应采用小型压实机具配合大型（18 ~ 20t）压路机进行压实，应选择沙砾、粒径小于 15cm 的石渣、半刚性材料填筑，松铺厚度应小于 15cm，加强"三背回填"质量控制。墙背回填必须与砌筑同步施工。沉降缝必须垂直、整齐、上下贯通,并准备好填缝材料及时填缝,防止雨水渗入底部浸泡地基,造成质量危害。

6. 对于填挖交界落差过大、开挖台阶难度较大的地段,应按 2m 高 1m 宽的台阶开挖施工。

7. 路基小型构件(水沟盖板、路缘石、防护工程混凝土构件等)应统一工艺、统一标准,采用标准化、工厂化生产,提高构件的外观质量。

8. 绿化工程要确保整个施工期内所有绿化季节能够不间断地种植、补栽,绿化植物原则选取当地适生的乡土植物品种。

三、桥梁工程

1. 对于一些高墩大跨桥梁,特别是预应力现浇梁,要加强结构安全的监控测量。在高墩大跨悬浇段,要加强预应力钢束的编束、穿束、张拉和控制,防止预应力把束缠错等现象的发生。

2. 后张法预应力混凝土必须采用真空压浆技术,同时可采取超声波检测手段对真空压浆进行质量抽查。

3. 桥梁架设完成并完成体系转换后,由专门检测单位对支座逐一检测并拍照编号,及时更换或处理不合格的支座。

4. 高墩及大跨径桥梁浇筑以及梁板预制工程,应采用自动喷淋技术,定时定量对工程实体进行养护。

5. 在预制梁顶面应严格按照设计文件要求预埋桥面铺装层钢筋网定位钢筋,严格控制铺装层钢筋标高定位和保护层厚度。

6. 预制梁钢筋骨架加工时,要制作标准化钢筋、波纹管定位模具,确保钢筋间距和波纹管位置准确无误。加强钢筋除锈工作,对不能及时使用的钢筋用防雨布遮盖,避免锈蚀。

7. 在桥头两端的泄水孔,要采用 PVC 管道连接,汇集雨水,防止冲刷桥梁锥坡。

8. 加强混凝土施工工艺控制,严格控制混凝土坍落度,消除水波纹、蜂窝、麻面等影响外观质量的各种通病。

9. 严格控制防撞混凝土护栏标高和线形,优化路基、桥梁、隧道之间护栏的结构形式和线形,做好顺畅衔接。

10. 要加强伸缩缝施工质量的控制。首先要确保梁体端头间距符合设计要求;其次要保证伸缩装置与桥梁预埋钢筋有效连接;最后要保证边角混凝土,尤其是伸缩缝刚体下方混凝土振捣密实。

四、隧道工程

1. 隧道洞口开挖要依据"早进晚出"的隧道设计原则,采用"五方"联合会审的方式,确定隧道洞门里程、明暗洞交界桩号及进洞方案,坚持工程与自然和谐相融,实现零开挖。

2. 隧道进洞施工应根据实际地质情况设置，原则上不能开挖仰坡，应保护坡面植被。施工前加强地质超前预报，提前判断围岩，指导隧道开挖，及时调整施工工艺。

3. 隧道洞门边仰坡防护应采用工程防护和生物防护相结合的方法处理，确保边仰坡安全美观。

4. 隧道开挖后，应及时进行初期支护及二次衬砌的施工，防止围岩变形过大或者塌方。优先实施隧道洞门施工，及时安排边仰坡及洞口周围的绿化，确保通车时洞口与周围自然状况浑然一体。

5. 隧道洞门顶上的边沟、排水沟应采用隐形方式设置，注重美观和安全。

6. 要高度重视隧道防排水施工工艺，排水半管施工前要根据隧道渗水情况，在初支表面上进行打孔排水，并确定排水半管的间距。排水半管要紧贴初支表面，确保与纵向和横向排水管有效连接。

7. 在隧道防水板施工前，要对隧道初期支护的空洞、厚度、强度、净空和排水系统进行验收，验收合格后方可开始二次衬砌施工。

8. 隧道掘进施工中，应根据围岩类别严格按照设计的掘进方法组织施工，并设置逃生通道，确保施工安全。

五、路面工程

1. 要严格控制路面原材料的质量，沥青路面上面层必须采用水洗碎石。

2. 为了防止集料中0.075mm颗粒的含量过大而影响填料的添加量，在矿料掺配时用粉胶比进行控制。应严格控制0.075mm以下颗粒的含量，其允许偏差为±1%。

3. 路面面层施工必须防止层间污染，特别是中央分隔带、绿化、路肩等施工不得与沥青路面施工交叉作业，以保证路面的强度、整体性和均匀性。

4. 无论是工厂生产改性沥青还是现场生产改性沥青，均应加大质量控制和抽检。

六、交通机电工程

1. 交通安全设施实施前，项目现场管理机构应组织设计单位现场核查，确保交通标志位置合理、准确、视距良好，不得被其他标志、沿线设施和绿化物遮挡。

2. 互通立交的内环匝道应设置匝道限速标志牌；长大下坡路段应增加图形标志，标注坡度、坡长等信息；中央分隔带特殊路段和交叉分道口的分流鼻可设置太阳能警示或诱导标志；弯道处的防眩板应加密设置。

3. 在长大纵坡段落应设置振动减速标线，适当增加超速抓拍系统，提高安全预警水平，确保运营安全。

4. 各建设项目要加强机电工程施工图设计深度，一旦评审和招标完成后不再进行二次联合设计，机电产品若非兼容性问题，原则上不允许更换投标品牌，避免降低产品品质。

5. 在收费站出口要采用动静结合、以静为主的设置原则来设计静态称重设备，各建设项目收费车道出口静态秤的设置比例达到 75% ~80%。同时在收费站入口车道要设置全自动无人值守发卡机系统。

6. 各建设项目要严格按照《陕西省高速公路收费站整车式称重系统建设指导意见》对静态秤进行施工，要求静态秤台位置与收费亭平行，并且在静止状态下对车辆进行称重，称重和收费工作应一次性完成，确保只停一次车，达到快速通行的目的。

7. 机电设备的选型，在满足工程需要及质量良好的前提下，要优先选择节能产品。

关于高速公路建设项目严格控制工程投资降低工程造价的指导意见

为了提高建设项目管理水平和投资控制能力，控制建设成本，降低工程造价，确保项目建设“又好又快”发展，现就高速公路建设项目严格控制工程投资降低工程造价提出指导意见，希遵照执行。

1. 各建设管理处（或前期工作组）要在工可和初步设计阶段充分考虑技术标准、建设规模，尽可能一次性考虑工程规模和投资费用。凡工可批复未包含的工程内容，一律不准在项目内搭车，若确实需要建设，应另外立项解决。

2. 各建设管理处要重点核查地质勘察的内容和深度，核查路线方案比选、重要结构物位置和经济技术比较的工作深度，同时要组织设计单位对工程量及造价进行系统的分析，确保设计深度和概算的合理性。

3. 各建设项目要认真落实设计审查和造价审查的意见，真正负起造价控制的责任，通过优化设计节约投资，不允许通过修编设计人为增加工程投资。

4. 施工招标资格预审工作应在初步设计完成后才能进行，招标文件发售须在施工图评审后才能进行。特别是房建、绿化、机电、桥隧装修等工程须在专项评审后才能发售招标文件，杜绝先招标后完善设计，导致费用增加的现象。机电工程一旦评审和招标完成后，不再进行二次联合设计，机电产品若非兼容性问题，原则上不允许更换投标品牌，避免降低品质或增加费用。房建工程在施工招标时，应明确室外场区（土方和路面工程）按公路工程定额编制办法进行费用管理。

5. 项目建设实施开工前，各建设管理处要组织相关单位和人员对施工图进行现场复核，建立工程量台账，修正工程量清单。工程量清单修正需施工、监理、设计以及业主单位共同认可，修正的工程量清单需设计院签字盖章认可。工程量清单修正，可作为一次性变更对待，工程量清单修正后，单项工程数量增减均需按设计变更程序及时处理。

6. 各建设项目要科学控制工程质量，树立严谨的工作态度和实事求是的工作作风，切实对项目建设负责，避免过度保守设计，牺牲工程建设成本，花费不必要的费用，造成工程浪费。

7. 各建设项目要加强设计变更的管理，严格按照设计变更管理权限审查审批设计变更，严格控制工程费用。在施工图设计批复之前，各建设项目要把能够确定的设计变更及内容尽量一并纳入施工图设计文件中。

8. 各建设项目要加强设计变更台账管理，加大工程计量管理力度，严格执行工程计量不超过工程台账数量的规定，避免工程量漏计或重计。

9. 各建设项目要加强工程暂定金管理，严格执行交通集团《关于加强建设项目专项暂定金管理的通知》，对专项暂定金的设定及使用进行严格控制，超过50万元以上的专项暂定金须进行招标或询价，坚决杜绝将整个项目的专项暂定金化整为零的做法。

10. 各建设项目要加强工程单价管理。对于设计变更中存在的新增细目单价，首先应将工作内容、性质相似的细目单价，通过调整材料用量予以确定；其次，若合同中无同类工程的单价可以套用，可以根据现场实际情况编制，并按中标水平降造且降造系数不大于0.9。

11. 除非国家或行业政策性因素影响，由于设计深度不足导致的设计变更、材料调差所产生的费用，从建设项目应招标结余或者预备费用中列支解决。

12. 各建设项目要加强建设单位管理费和监理费用的管理和控制，在实际应用中不允许超过概算所列金额。

13. 各建设项目要加强工程借款管理。施工单位的当月借款须次月归还，延期未能归还的应偿还借款利息。对于设计变更已上报管理处，由于在规定期限内未能完成审批的可暂按70%计量，设计变更批复后再冲减临时计量。

14. 各建设项目建成或通车后，不能随意改变已经评审的设计，随意提高标准或增加工程量，要维护设计的严肃性。如果确因工程设计不完善或因政策性因素的影响需要增加、修改、完善工程的，其设计方案由原设计单位设计并经过交通集团评审后按程序进行。

15. 各建设项目要严格按照规范加强施工工艺控制，提高项目管理水平，控制建设成本。防止因施工不当或野蛮施工造成新的设计变更，导致工程建设成本提高，造成工程浪费。

16. 各建设项目要严格按照《关于重点建设项目工程造价咨询及费用审核有关问题的通知》（陕交建发[2010]207号）要求，按规定慎重选择造价咨询审核单位，从严从细控制投资。

17. 各建设项目单项工程（本项目各合同段之和）专项暂定金金额在50万元以上的必须经过询价或招标方式确定。专项暂定金的招标、询价工作由各项目管理处负责组织实施，招标、询价方案在招标、询价前向交通集团报备，并将询价、招标结果上报交通集团备案。各建设项目在招标文件或询价文件中应明确专项暂定项目所在施工合同段的管理费，可按专项暂定金投标价（询价）的8%（含税金）计列。所有权属于业主的沥青专用桶回收收入及建设过程中新增的专业性较强的工程支出参照暂定金使用办法执行。

18. 各运营分公司要加强通车项目缺陷责任期内工程质量缺陷和工程费用控制。对于在缺陷责任期出现的质量问题要分析原因，划清责任，属于施工单位原因造成的质量问题须要求施工单位限期修复，如果施工单位在限期内不进行或不能完成时，分公司可组织其他施工力量完成，所产生相关费用据实从施工单位的质量保证金中扣除；属于非施工单位原因造成的工程质量缺陷，运营公司要按设计变更程序迅速处理。各运营分公司要严格将建设项目的尾留工程费用和运营项目的管理、养护费用分别管理，不得将运营公司的管理费用所及运营成本摊入通车项目工程建设费用，增加建设项目的工程投资规模，影响通车项目的竣工决算审计工作。

19. 各建设项目要加强奖励基金的使用管理，要建立科学的奖励基金使用制度，规范奖惩条件和程序，客观公正地激励约束参建单位，奖优罚劣，促进工程项目建设又好又快进行。各管理处在编制招标文件中要合理设置奖励基金的比例，原则上不超过合同价的1%（其中0.5%包含在承包人合同报价中，0.5%为业主提供）。奖励基金由合同约定的奖励基金和项目管理的违约处罚基金组成。管理处可根据项目实际制定含在承包人报价中的0.5%的奖励基金及违约处罚金的使用方案。业主配套的0.5%奖励基金需要使用时，应制定详细的实施细则，报交通集团同意后才能动用。

第五部分　竣 工 验 收

通车项目竣工验收工作指导意见

一、竣工验收项目和时间

____年竣工验收项目：

按照省交通厅及交通集团年度工作计划安排确定竣工验收项目和验收时间。

二、竣工验收工作目标

确保通车项目竣工验收工程质量等级优良，建设项目综合评价等级优良，确保工程竣工验收目标任务的按时、顺利完成。

三、竣工验收指导思想

以交通运输部《关于印发公路工程竣交工验收办法实施细则的通知》（交公路发[2010]65 号）为指导，按照交通集团“管理显效年”的要求，加强领导、加强协作、严格落实、跟踪督办，进一步加快通车项目竣工验收各项工作的进行。

四、交通集团通车项目竣工验收领导机构

（一）通车项目竣工验收协调工作领导小组

竣工验收工作是个庞大的系统工程，涉及不同的专业及部门，需要各单位和各部门的通力协作，才能确保通车项目竣工验收工作的顺利完成。为了切实做好通车项目竣工验收工作，交通集团成立通车项目竣工验收协调工作领导小组。

组　长：集团公司总经理；

副组长：主管工程建设副总经理、主管行政工作副总经理、总工程师、总会计师；

成　员：建设部、财务部、审计室、办公室、科技质量安全部、各竣工验收项目所在运营分公司经理。

领导小组负责通车项目竣工验收工作的协调、管理与组织工作；负责对外联络，沟通协调有关上级单位；负责竣工条件的审查和把关。

（二）通车项目竣工验收协调领导小组办公室

领导小组下设办公室，办公室设在建设管理部，其组成如下：

主　任：主管工程建设副总经理或总工程师；

副主任：建设部负责人、财务部负责人、审计室负责人、办公室负责人、科技质量部负责人；

成　员:建设部、财务部、审计室、办公室、科技质量部等部门的相关工作人员。

(三)领导小组下设四个专业小组

1. 竣工验收总体协调工程组。

组　长:主管工程建设副总经理或总工程师;

副组长:建设部负责人;

成　员:建设部相关工作人员。

2. 档案验收及会务组。

组　长:主管行政工作副总经理;

副组长:办公室负责人;

成　员:办公室相关工作人员。

3. 工程质量检测组。

组　长:主管工程建设副总经理或总工程师;

副组长:科技质量部负责人;

成　员:科技质量部相关工作人员。

4. 财务决算及审计组。

组　长:总会计师;

副组长:财务部负责人、审计室负责人;

成　员:财务部、审计室相关工作人员。

五、竣工验收主要工作任务分配

(一)竣工验收工程总体协调工程组主要职责

由建设部牵头,负责通车项目竣工验收工作的总体协调;负责协助省交通厅竣工验收的组织工作;负责协调环境保护、水土保持单项验收以及施工许可、土地证办理工作;负责竣工验收条件的审查以及审定竣工验收会议资料。

(二)档案验收及会务组主要职责

由办公室牵头,负责协调各通车项目的档案验收以及竣工验收会议的组织安排。

(三)工程质量检测组主要职责

由科技质量部牵头,负责协调督促上级单位的工程质量竣工检测以及质量检测报告,负责督促项目尾留和完善工程的质量管理工作。

(四)财务决算及审计组主要职责

由财务部和审计室牵头,负责各通车项目财务决算的审查以及跟踪督促各通车项目的工程决算、财务决算的审计,协调和落实上级审计单位的审查意见,并按时取得审计的最终批复。

(五)各运营分公司、各建设项目管理处主要职责

各运营分公司负责对交工验收提出的工程质量缺陷等遗留问题进行处理;按照交通运输部规定的办法编制工程决算,并配合审计部门接受审计;按照竣工验收办法规定编制竣工文件;负责组织档案、环境保护、水土保持等单项验收工作;负责土地证的办

理；配合质量监督部门的竣工质量检测工作；负责竣工验收会议的各类基础资料的准备工作。

各分块管理的业务工作，由业务归口部门负责检查。要按照竣工验收相应的工作内容和时间要求，对各建设项目进行针对性检查，对不完善处提出补充或完善建议，确保各建设项目按期通过竣工验收。

六、交通集团竣工验收工作总体要求及措施

1. 工程交工验收第一责任人为建设项目管理处，竣工验收第一责任人为运营分公司。建设项目通车运营后，原建设项目留守人员要归并分公司统一管理。

2. 竣工验收工作是公路建设项目建设程序规定的最后一个环节，是对工程建设成果的全面总结和检验，在建设项目管理中具有非常重要的地位和作用。各单位要高度重视，成立竣工验收项目领导小组，组长由各运营分公司一把手领导担任，成员由各建设项目管理处留守人员和分公司相关部门有关人员组成，全面负责通车项目竣工验收工作。

3. 各分公司要切实加强对通车项目竣工验收工作的组织领导和协调管理，及时解决竣工验收工作中存在的问题，进一步强化从分管领导到具体工作人员的工作责任机制，将目标责任分解到最小单元，落实到具体个人。各分公司对于竣工验收过程中存在的重大问题要及时上报通车项目竣工验收协调领导小组。

4. 交通集团各通车项目竣工验收工作由建设管理部总体牵头协调负责，建设、质量、办公室、财务、审计等部门按照各专业小组的工作职责，具体负责工程决算、质量检测、档案验收、财务决算及审计的协调督促工作。各单位要加强与各部门以及各专业小组的协调力度，按照建设项目竣工验收流程（下图），尽快完善各项手续，加大决算审计批复的协

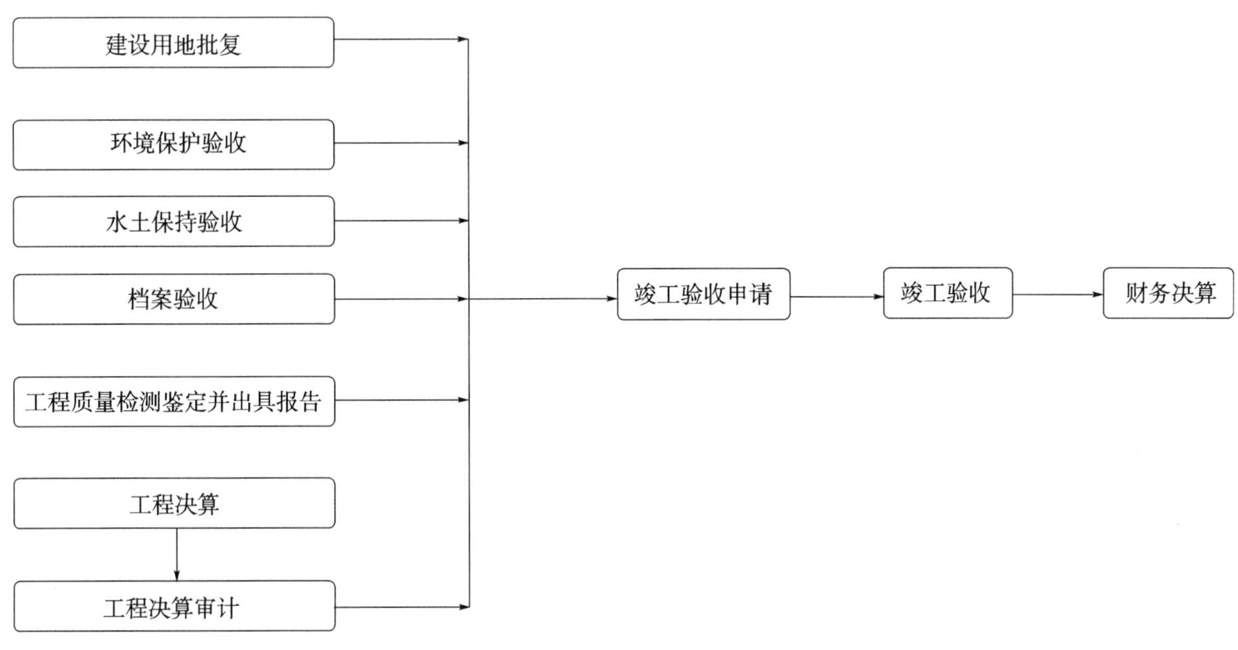

建设项目竣工验收流程图

调力度，加快办理竣工验收各项工作，并定期（每月 15 日）向交通集团报告竣工验收准备工作，确保工程按期竣工验收。

5. 交通集团将严格按照目标责任分解表，每月、每季度对各运营分公司进行考核。各运营分公司要加强对竣工验收单项工作责任人的考核，加快竣工验收各项准备工作的进行。

已通车项目竣工验收目标责任考核办法

第一章　总　　则

第一条　为了切实做好通车项目竣工验收工作，全面落实省交通厅和交通集团关于竣工验收工作会议精神，实现省交通厅与交通集团签订的目标责任书的工作目标，结合交通集团实际，制定本考核办法。

第二条　考核工作必须坚持客观公正、注重实效、综合考评的原则，坚持平时考核与定期考核相结合、定量考核与定性考核相结合的原则，力求做到全面、客观、公正。

第三条　通过全面准确地评价交通集团所属各单位和总部各部（室）在竣工验收工作方面的工作实绩，充分发挥考核的督促、激励作用，确保按期完成高速公路竣工验收。

第二章　考核范围和组织机构

第四条　本办法适用于交通集团所属各单位、交通集团相关各部（室）的通车项目竣工验收工作考核。

第五条　根据《陕西省交通建设集团公司通车项目竣工验收工作任务册》，交通集团所属各单位、相关各部（室）的目标责任分解表作为具体考核内容。

第六条　考核工作在交通集团竣工验收协调领导小组（以下简称"领导小组"）领导下进行。领导小组的主要职责是制定和修改考核办法，研究确定所属各单位、相关各部（室）竣工验收考核内容，研究解决考核工作中的重大问题，审定考核结果。

领导小组下设办公室，办公室主要职责是负责考核工作的组织实施；对目标任务完成情况进行经常性的督促检查；协调有关单位和部室，研究解决考核工作中的具体问题；对考核结果的运用提出意见和建议；完成领导小组交办的其他事项。

第三章　考核程序和方法

第七条　考核工作由月考核、年度考核两个部分组成。

第八条　考核工作以所属各单位、相关各部（室）竣工验收工作任务的完成情况作为考核依据。

1. 所属各单位、相关各部（室）根据《陕西省交通建设集团公司通车项目竣工验收工作任务册》目标责任分解表，每个月3日前将本月工作计划以及上月工作任务完成自评结果以表格的形式报送领导小组办公室。由领导小组办公室对单位、部(室)上月工作任务进行初步考核，对本月工作计划进行初步审核，并将结果汇总后呈报领导小组审定。

2. 领导小组每月对重要工作和重大项目的实施情况、月考核情况进行通报。

3. 交通集团各运营单位、相关各部(室)应根据业务归口情况，及时收集整理竣工验收所需资料，并对考核提供资料、数据的真实性和可靠性负责。

第九条 根据《陕西省交通建设集团公司通车项目竣工验收工作任务册》中各相关部(室)业务分工，每月由相关各部(室)对各运营单位相关业务归口工作完成情况进行考核，并将考核结果汇总至领导小组办公室。

第四章 考核奖罚

第十条 竣工验收考核结果由交通集团目标责任考核工作领导小组审定后以文件形式印发。

第十一条 奖励与处罚:

1. 奖励。

通车项目按期竣工验收，奖励运营单位班子5万元，交通集团相关各部(室)给予适当奖励。

2. 处罚。

被考核对象未按月完成阶段目标任务时，目标责任考核为基本合格；被考核对象未按要求时限完成总目标任务时，目标责任考核为不合格。

第十二条 所属各单位、相关各部(室)要根据月、季度竣工验收目标责任考核结果，针对存在问题和薄弱环节，制订整改计划和整改措施，积极进行整改。

第五章 考核纪律与监督

第十三条 要组织参与考核工作的全体工作人员认真学习，准确把握考核工作的基本原则和办法，遵守工作纪律，严格操作程序，全面、准确、客观、公正地反映情况。

第十四条 接受考核的交通集团所属各运营单位、相关各部(室)要正确对待考核工作，实事求是地汇报工作实绩，分析存在问题与不足，努力改进工作，不得弄虚作假。

第十五条 对违反考核纪律的行为，领导小组要坚决予以制止，并对违纪单位(部室)和相关人员进行批评教育，情节严重和造成重大不良影响的要报请交通集团党委给予党纪、政纪处分。

第十六条 建立公开举报制度，进一步强化监督机制，为考核工作创造公开、公平、公正的良好环境。

第十七条 交通集团纪委、监察室负责监督考核工作。

第六章　附　　则

第十八条　领导小组办公室要对目标任务完成情况进行经常性的督促检查,全面掌握情况,促进工作落实,为竣工验收工作打下良好的基础。

第十九条　本办法自下发之日起试行。

第二十条　本办法由交通集团考核领导小组负责解释。可根据实施情况,经交通集团公司考核领导小组同意,对有关条款和指标进行修改完善。

重点建设项目档案管理规定

第一条 为加强陕西省交通建设集团公司(以下简称"交通集团")及所属各重点建设项目的档案管理工作,确保建设项目档案的完整、准确、系统和安全,充分发挥建设项目档案在工程建设、生产(使用)管理、工程维护和改建扩建中的作用,根据交通运输部《公路工程竣工文件材料立卷归档管理办法》、《交通建设项目档案专项验收办法》,国家档案局《重大建设项目档案验收办法》,陕西省交通运输厅《陕西省公路工程竣工文件材料立卷实施细则》,交通集团《陕西省交通建设集团公司档案管理办法》等有关规定,制定本补充规定。

第二条 本补充规定适用于交通集团高速公路建设项目和投资额在5 000万元以上的房建工程及公路大中修工程项目。

第三条 重点建设项目档案是指整个项目建设从工程项目规划立项、勘察设计、施工到竣工验收形成的文字材料、图纸、图表、计算材料、声像材料以及其他形式与载体的文件材料。

第四条 重点建设项目档案工作要与项目建设、质量管理、工程验收同步。项目申请立项时,即应开始进行文件材料的收集、整理、审查工作;项目竣工验收前,完成文件材料的归档和验收工作。

第五条 重点建设项目档案由项目建设管理单位负责管理,交通集团总部办公室负责业务指导。

第六条 竣工文件材料收集整理需要委托社会上其他单位协助进行的,所委托单位必须具备相关资质,由项目建设管理单位按照招投标或公开竞争等方式确定委托单位,不得直接指定。

第七条 项目建设过程中,项目建设及施工、监理单位要确定分管档案工作的领导,建立与建设项目档案工作任务相适应的管理机构,配备业务熟练且有档案业务培训上岗证的档案管理人员,建立档案库房,制定档案管理制度,在各自的职责范围内搞好建设项目文件材料的收集、整理、归档、保管工作。

第八条 归档的文件材料要字迹清楚,图样清晰,图表整洁,表述准确,签字手续完备;需永久、长期保存的文件不得用易褪色的书写材料(如红色墨水、纯蓝墨水、圆珠笔、复写纸、铅笔等)书写、绘制;凡由易褪色材料(如复写纸、热敏纸等)形成的并需要永久和长期保存的文件,应附一份复印件。

第九条 录音、录像文件应保证载体的有效性,长期存储的电子文件应使用不可擦除型光盘。

第十条　建设项目档案的保管期限分为永久、长期、短期三种。

第十一条　重点建设项目各类文件应按文件形成的先后顺序或项目完成情况及时收集。

第十二条　建设单位负责收集、整理项目前期文件；施工单位负责收集、整理施工过程中工艺、数据等文件材料；监理单位负责收集、整理项目监理文件，建设项目实体工程完成后向建设单位移交，统一归档；勘察、设计单位负责收集、整理勘察、设计文件，并于任务结束后向建设单位移交完整、准确的设计基础材料和设计文件。

第十三条　施工单位在向建设单位移交建设项目竣工文件材料时，若移交不全或未移交，建设单位不得向施工单位颁发交工证书，不能退还工程质量保证金。

第十四条　建设项目形成的全部项目文件在归档前应按档案管理要求，由文件形成单位进行分类、组卷、装订、编目等整理工作，由建设单位负责进行或组织汇总整理。

第十五条　除受委托进行项目档案汇总整理外，各工程参建单位应在项目实体完成后 6 个月内将项目文件向建设单位归档，有尾留工程的应在尾留工程完成后及时归档。

第十六条　根据项目工程性质，重点建设项目档案由交通集团申请省交通厅、国家交通运输部组织验收，项目建设及参建单位负责人、档案管理人员参加。

第十七条　未经档案验收或档案验收不合格的项目，不得进行或通过项目的竣工验收。竣工验收时，验收主管单位应当通知有关档案管理部门派员参加建设项目竣工验收。

第十八条　项目档案验收应在项目竣工验收 3 个月之前完成。

第十九条　建设项目档案验收合格后，建设单位应在项目正式通过竣工验收后 1 个月内向运营管理单位档案管理机构移交一套完整的项目档案（含电子版）。运营单位接管建设项目档案后要按照档案管理要求，配备专职具有档案任职资格的档案管理人员，建立档案库房，购置管理设备，严格执行档案管理有关规定，做好档案保密、保管及利用工作。

第二十条　建设单位应将移交的建设项目档案按要求排列顺序号并编制两份案卷移交目录，明确档案移交的内容、案卷数、图纸张数等。交接双方当面清点，清点无误由接收人签字后，双方各持一份。

第二十一条　本规定自下发之日起执行。

第二十二条　本规定由交通集团负责解释。